信息科学与技术丛书

深入学习 Go 语言

李晓钧　编著

机械工业出版社

Go 语言适合用来进行服务器编程与网络编程，包括 Web 应用编程等。本书详细讲解了 Go 语言数据类型、关键字、字面量、基本语法等基础概念及 Go 项目的工程构建、测试、编译与运行等；深入讲解了协程（goroutine）和通道（channel）等与并发编程有关的概念；还介绍了系统标准库、网络编程和第三方包。读者掌握本书内容后，可以顺利进行实际项目开发。

本书适合 Go 语言初学者和有一定经验的程序员阅读。

书中代码可免费下载（扫描封底二维码）。

图书在版编目（CIP）数据

深入学习 Go 语言 / 李晓钧编著. —北京：机械工业出版社，2019.8
（信息科学与技术丛书）
ISBN 978-7-111-63072-2

Ⅰ. ①深… Ⅱ. ①李… Ⅲ. ①程序语言－程序设计 Ⅳ. ①TP312

中国版本图书馆 CIP 数据核字（2019）第 126072 号

机械工业出版社（北京市百万庄大街 22 号　邮政编码 100037）
策划编辑：车　忱　责任编辑：车　忱
责任印制：张　博　责任校对：张艳霞

三河市国英印务有限公司印刷

2019 年 8 月第 1 版·第 1 次印刷
184mm×260mm·16.75 印张·415 千字
0001－3000 册
标准书号：ISBN 978-7-111-63072-2
定价：69.00 元

电话服务　　　　　　　　　网络服务
客服电话：010-88361066　　机 工 官 网：www.cmpbook.com
　　　　　010-88379833　　机 工 官 博：weibo.com/cmp1952
　　　　　010-68326294　　金 书 网：www.golden-book.com
封底无防伪标均为盗版　　机工教育服务网：www.cmpedu.com

出 版 说 明

　　随着信息科学与技术的迅速发展，人类每时每刻都会面对层出不穷的新技术和新概念。毫无疑问，在节奏越来越快的工作和生活中，人们需要通过阅读和学习大量信息丰富、具备实践指导意义的图书来获取新知识和新技能，从而不断提高自身素质，紧跟信息化时代发展的步伐。

　　众所周知，在计算机硬件方面，高性价比的解决方案和新型技术的应用一直备受青睐；在软件技术方面，随着计算机软件的规模和复杂性与日俱增，软件技术不断地受到挑战，人们一直在为寻求更先进的软件技术而奋斗不止。目前，计算机和互联网在社会生活中日益普及，掌握计算机网络技术和理论已成为大众的文化需求。由于信息科学与技术在电工、电子、通信、工业控制、智能建筑、工业产品设计与制造等专业领域中已经得到充分、广泛的应用，所以这些专业领域中的研究人员和工程技术人员越来越迫切需要汲取自身领域信息化所带来的新理念和新方法。

　　针对人们了解和掌握新知识、新技能的热切期待，以及由此促成的人们对语言简洁、内容充实、融合实践经验的图书迫切需要的现状，机械工业出版社适时推出了"信息科学与技术丛书"。这套丛书涉及计算机软件、硬件、网络和工程应用等内容，注重理论与实践的结合，内容实用、层次分明、语言流畅，是信息科学与技术领域专业人员不可或缺的参考书。

　　目前，信息科学与技术的发展可谓一日千里，机械工业出版社欢迎从事信息技术方面工作的科研人员、工程技术人员积极参与我们的工作，为推进我国的信息化建设做出贡献。

机械工业出版社

前　　言

现在市面上与 Go 语言相关的书籍较少，大部分书籍针对的是中高级开发人员，而从基础知识讲解，进而到初步应用开发的指导性书籍更少。

针对以上情况，本书详细讲解了 Go 语言基础知识点，并联系实际指出其可能存在的陷阱，帮助读者加深学习时的理解。本书还结合流行度较高的开源第三方包，引导读者进行更高级的实际项目开发。

本书非常适合 Go 语言新手细细阅读。有一定经验的开发人员，也可以根据自己的情况，选择一些章节来看。

第 1～4 章为基础部分，主要讲解 Go 语言的基础知识，包括 Go 语言的安装、基本语法、标识符、关键字、运算符、标点符号、字面量等，以及 Go 项目的工程构建、编译与运行等。

第 5～8 章为中级部分，主要讲解 Go 语言的复合数据类型，包括数组（array）、切片（slice）、字典（map）、结构体（struct）、指针（pointer）、函数（function）、接口（interface）和通道（channel）类型等。利用灵活的 type 关键字，可以自定义各种需要的数据类型。函数提供了更直接的数据处理能力，而通过 panic，recover，defer 处理错误的方式，也是 Go 语言的典型特征。

第 9～13 章为高级部分，主要讲解结构体、接口和方法，它们是 Go 语言简单与组合思维的基础。非常友好地支持并发是 Go 语言天然具有的典型特征，协程（goroutine）和通道（channel）配合，加上 sync 包提供的系列功能，使我们可以很方便地编写支持高并发的代码。

第 14～16 章为拓展部分，主要介绍 Go 语言提供的官方标准库，包括 OS 操作、文件 I/O、网络传输处理、指针相关操作、代码反射、日志记录等。这些包可以让我们快速进入实际开发。另外对 MySQL 数据库以及 LevelDB、BoltDB 数据库的操作有简单介绍。

第 17、18 章为应用部分，主要以网络爬虫和 Web 框架为例，进入实际开发。网络爬虫是互联网服务中比较重要的功能，通过互联网抓取、分析、保存资料是程序员的一项基本能力，读者可以看到 Go 语言在此方面也是游刃有余。而利用 Gin 这款轻量级的 Web 框架，可以很方便地搭建各种 Web 服务。

自 2009 年 Go 语言面世以来，已经有越来越多的公司转向 Go 语言开发。而 Go 语言以语法简单、学习门槛低、上手快著称，但入门后很多人发现要写出地道的、遵循 Go 语言思维的代码却实属不易。

我作为 Go 语言的爱好者，在阅读系统标准库源代码或其他知名开源包源代码时，发现大牛对这门语言的了解之深入，代码实现之巧妙优美，除了膜拜还是膜拜。所以我建议你有时间多多阅读这些代码，网上说 Go 大神的标准是"能理解简洁和可组合性哲学"。的确，Go 语言追求代码简洁到极致，而组合思想可谓借助于结构体和接口而成为 Go 的灵魂。

function、method、interface、type 等名词是程序员们接触比较多的关键字，但在 Go 语言中，你会发现，它们有更强大、更灵活的用法。当你彻底理解了 Go 语言相关基本概念，以及对其特点有了深入的认知（当然这也是这本书的目的），再假以时日多练习和实践，我相信你很快就能真正掌握这门语言，成为一名出色的 Gopher。

本书最早通过网络发布，有不少关注 Go 语言的朋友通过各种途径给了不少建议，这里要感谢网友 Joyboo、林远鹏、Mr_RSI、magic-joker 等。

本书最终得以出版，需要感谢李岩兄的鼓励和帮助，以及其他各位朋友和老师们，感谢你们的鼓励和帮助，感谢你们的支持！

最后，希望更多的人了解和使用 Go 语言，也希望阅读本书的朋友们多多交流。虽然本书中的例子都经过实际运行，但难免会有错误和不足之处，烦请您指出。书中其他疏漏之处也恳请各位读者斧正。作者联系邮箱：roteman@163.com。

祝各位 Gopher 工作开心，编码愉快！

李晓钧

目 录

出版说明
前言
第1章 Go 语言简介 ·················· 1
  1.1 为什么要学 Go 语言 ············ 1
  1.2 Go 语言安装 ···················· 1
  1.3 Go 语言开发工具 ·············· 4
第2章 Go 语言编程基础 ·········· 6
  2.1 数据类型 ························ 6
    2.1.1 基础数据类型 ············ 6
    2.1.2 复合数据类型 ············ 8
  2.2 变量 ······························ 9
    2.2.1 变量以及声明 ············ 9
    2.2.2 零值（nil）················ 13
  2.3 常量 ···························· 14
    2.3.1 常量定义 ·················· 14
    2.3.2 iota ························ 15
    2.3.3 字面量（literal）········ 16
  2.4 运算符 ·························· 18
    2.4.1 内置运算符 ·············· 18
    2.4.2 运算符优先级 ············ 21
    2.4.3 几个特殊运算符 ·········· 21
  2.5 字符串 ·························· 22
    2.5.1 字符串介绍 ·············· 22
    2.5.2 字符串拼接 ·············· 24
    2.5.3 字符串处理 ·············· 25
  2.6 流程控制 ······················ 26
    2.6.1 switch 语句 ·············· 26
    2.6.2 select 语句 ·············· 29
    2.6.3 for 语句 ·················· 30
    2.6.4 for-range 结构 ·········· 31
    2.6.5 if 语句 ···················· 33
    2.6.6 break 语句 ·············· 33
    2.6.7 continue 语句 ············ 34
    2.6.8 标签 ······················ 35
    2.6.9 goto 语句 ················ 35
第3章 作用域 ······················ 37
  3.1 关于作用域 ···················· 37
    3.1.1 局部变量与全局变量 ···· 37

    3.1.2 显式与隐式代码块 ······ 37
  3.2 约定和惯例 ···················· 40
    3.2.1 可见性规则 ·············· 40
    3.2.2 命名规范以及语法惯例 ·· 40
    3.2.3 注释 ······················ 41
第4章 代码结构化与项目管理 ·· 43
  4.1 包（package）················ 43
    4.1.1 包的概念 ·················· 43
    4.1.2 包的初始化 ·············· 43
    4.1.3 包的导入 ·················· 44
    4.1.4 标准库 ···················· 45
    4.1.5 从 GitHub 安装包 ········ 46
    4.1.6 导入外部安装包 ·········· 46
  4.2 Go 项目开发与编译 ·········· 46
    4.2.1 项目结构 ·················· 46
    4.2.2 使用 Godoc ·············· 47
    4.2.3 Go 程序的编译 ·········· 48
    4.2.4 Go modules 包依赖管理 ·· 49
第5章 复合数据类型 ·············· 54
  5.1 数组（array）················ 54
    5.1.1 数组定义 ·················· 54
    5.1.2 数组声明与使用 ·········· 54
  5.2 切片（slice）················ 56
    5.2.1 切片介绍 ·················· 56
    5.2.2 切片重组（reslice）······ 58
    5.2.3 陈旧的切片（Stale Slices）·· 59
  5.3 字典（map）·················· 60
    5.3.1 字典介绍 ·················· 60
    5.3.2 range 语句中的值 ········ 61
第6章 type 关键字 ················ 63
  6.1 type 自定义类型 ·············· 63
  6.2 type 定义类型别名 ············ 64
第7章 错误处理与 defer ········ 66
  7.1 错误处理 ························ 66
    7.1.1 错误类型（error）········ 66
    7.1.2 panic ······················ 66

7.1.3　recover ················ 68
7.2　关于 defer ················ 68
7.2.1　defer 的三个规则 ·········· 68
7.2.2　使用 defer 计算函数执行时间 ······· 73

第 8 章　函数 ················ 74
8.1　函数（function）·········· 74
8.1.1　函数介绍 ············· 74
8.1.2　函数调用 ············· 76
8.1.3　内置函数 ············· 76
8.1.4　递归与回调 ············ 80
8.1.5　匿名函数 ············· 81
8.1.6　变参函数 ············· 84

第 9 章　结构体和接口 ········ 86
9.1　结构体（struct）·········· 86
9.1.1　结构体介绍 ············ 86
9.1.2　结构体特性 ············ 88
9.1.3　匿名字段 ············· 89
9.1.4　嵌入与聚合 ············ 90
9.1.5　命名冲突 ············· 93
9.2　接口（interface）········· 94
9.2.1　接口是什么 ············ 94
9.2.2　接口嵌入 ············· 96
9.2.3　类型断言 ············· 97
9.2.4　接口与动态类型 ·········· 99
9.2.5　接口的提取 ··········· 100
9.2.6　接口的继承 ··········· 100

第 10 章　方法 ················ 101
10.1　方法的定义 ·············· 101
10.1.1　接收器（receiver）······ 101
10.1.2　方法表达式与方法值 ····· 104
10.1.3　自定义类型方法与匿名嵌入 ····· 105
10.1.4　函数和方法的区别 ······ 108
10.2　指针方法与值方法 ·········· 108
10.2.1　指针方法与值方法的区别 ···· 108
10.2.2　接口变量上的指针方法与
　　　　值方法 ············· 111
10.2.3　指针接收器和值接收器的选择 ····· 114
10.3　匿名类型的方法提升 ········ 114
10.3.1　匿名类型的方法调用 ····· 114
10.3.2　方法提升规则 ·········· 115

第 11 章　面向对象与内存 ······· 118

11.1　面向对象 ··············· 118
11.1.1　Go 语言中的面向对象 ····· 118
11.1.2　多重继承 ············ 119
11.2　指针和内存 ·············· 119
11.2.1　指针 ··············· 119
11.2.2　new()和 make()的区别 ··· 121
11.2.3　垃圾回收 ············ 121

第 12 章　并发处理 ··········· 124
12.1　协程 ··················· 124
12.1.1　协程与并发 ··········· 124
12.1.2　协程使用 ············ 127
12.2　通道（channel）········· 127
12.3　同步与锁 ··············· 131
12.3.1　互斥锁 ·············· 132
12.3.2　读写锁 ·············· 135
12.3.3　sync.WaitGroup ······ 136
12.3.4　sync.Once ·········· 137
12.3.5　sync.Map ··········· 138

第 13 章　测试与调优 ········· 140
13.1　测试 ··················· 140
13.1.1　单元测试 ············ 140
13.1.2　基准测试 ············ 141
13.2　调优 ··················· 142
13.2.1　分析 Go 程序 ········· 142
13.2.2　用 pprof 调试 ········· 143

第 14 章　系统标准库 ········· 148
14.1　reflect 包 ············· 148
14.1.1　反射（reflect）······· 148
14.1.2　反射的应用 ··········· 150
14.2　unsafe 包 ·············· 155
14.2.1　unsafe 包介绍 ········ 155
14.2.2　指针运算 ············ 156
14.3　sort 包 ················ 160
14.3.1　sort 包介绍 ·········· 160
14.3.2　自定义 sort.Interface 排序 ······· 163
14.3.3　sort.Slice 排序 ······ 164
14.4　os 包 ·················· 164
14.4.1　启动外部命令和程序 ····· 164
14.4.2　os/signal 信号处理 ···· 166
14.5　fmt 包 ················· 167
14.5.1　格式化 I/O ··········· 167

14.5.2 格式化输出 ……………………… 169

14.6 flag 包 ……………………………… 174

  14.6.1 命令行 ……………………………… 174

  14.6.2 参数解析 …………………………… 174

14.7 文件操作与 I/O …………………… 177

  14.7.1 文件操作 …………………………… 177

  14.7.2 I/O 读写 …………………………… 178

  14.7.3 ioutil 包读写 ……………………… 181

  14.7.4 bufio 包读写 ……………………… 182

  14.7.5 log 包日志操作 …………………… 184

第 15 章 网络服务 ……………………… 186

15.1 Socket ……………………………… 186

  15.1.1 Socket 基础知识 ………………… 186

  15.1.2 TCP 与 UDP ……………………… 186

15.2 模板（Template） ………………… 189

  15.2.1 text/template 包………………… 189

  15.2.2 html/template 包 ……………… 191

  15.2.3 模板语法 …………………………… 194

15.3 net/http 包 ………………………… 196

  15.3.1 http Request ……………………… 197

  15.3.2 http Response……………………… 199

  15.3.3 http Client ………………………… 200

  15.3.4 http Server ………………………… 205

  15.3.5 自定义类型 Handler …………… 210

  15.3.6 将函数直接作为 Handler ……… 212

  15.3.7 中间件 ……………………………… 212

  15.3.8 搭建静态站点 …………………… 213

15.4 context 包 ………………………… 214

  15.4.1 context 包介绍……………………… 214

  15.4.2 上下文应用 ………………………… 216

第 16 章 数据格式与存储……………… 221

16.1 数据格式 …………………………… 221

  16.1.1 序列化与反序列化 ……………… 221

  16.1.2 JSON 数据格式 …………………… 221

  16.1.3 将 JSON 数据反序列化到
结构体 ……………………………… 222

  16.1.4 反序列化任意 JSON 数据 ………224

  16.1.5 JSON 数据编码和解码…………… 225

  16.1.6 JSON 数据延迟解析 …………… 227

  16.1.7 Protocol Buffer 数据格式 ……… 228

16.2 MySQL 数据库 …………………… 231

  16.2.1 database/sql 包 …………………… 231

  16.2.2 MySQL 数据库操作 …………… 231

16.3 LevelDB 与 BoltDB 数据库 ……236

  16.3.1 LevelDB 数据库操作 …………… 237

  16.3.2 BoltDB 数据库操作 …………… 240

第 17 章 网络爬虫……………………… 244

17.1 Colly 网络爬虫框架 ……………… 244

17.2 goquery HTML 解析 ……………… 246

第 18 章 Web 框架——Gin …………… 250

18.1 关于 Gin …………………………… 250

18.2 Gin 实际应用 ……………………… 251

  18.2.1 静态资源站点 …………………… 251

  18.2.2 构建动态站点 …………………… 252

  18.2.3 中间件的使用 …………………… 256

  18.2.4 RESTful API 接口 ……………… 256

参考文献 ………………………………… 260

第1章　Go语言简介

"Go 让我体验到了从未有过的开发效率。"谷歌资深工程师罗伯·派克（Rob Pike）这样说。他表示，"使用它可以进行快速开发，同时它还是一个真正的编译语言，我们之所以现在将其开源，原因是我们认为它已经非常有用和强大。"

1.1　为什么要学 Go 语言

Go 语言是一门全新的静态类型开发语言，具有自动垃圾回收、丰富的内置类型、函数多返回值、错误处理、匿名函数、并发编程、反射、defer 等关键特征，并具有简洁、安全、并行、开源等特性。从语言层面支持并发，可以充分利用 CPU 多核，Go 语言编译的程序可以媲美 C 或 C++代码的速度，而且更加安全、支持并行进程。系统标准库功能完备，尤其是强大的网络库使建立 Web 服务成为再简单不过的事情。Go 语言内置运行时，支持继承、对象等，开发工具丰富，例如 gofmt 工具能自动格式化代码，让团队代码风格完美统一。同时 Go 非常适合用来进行服务器编程、网络编程（包括 Web 应用、API 应用）和分布式编程等。

自 2009 年 Go 语言面世以来，已经有越来越多的公司转向 Go 语言开发，例如腾讯、百度、阿里、京东、小米、猎豹移动以及 360，而七牛云的技术栈基本上完全采用 Go 语言来开发。还有像今日头条、Uber 这样的公司，也使用 Go 语言对自己的业务进行了彻底重构。在全球范围内 Go 语言的使用不断增长，尤其是在云计算领域，用 Go 语言编写的几个主要云基础项目如 Docker 和 Kubernetes，都取得了巨大成功。除此之外，还有多种有名的项目如 etcd、consul、flannel 等，均使用 Go 语言实现。

Go 语言有"两快"，一是编译运行快，二是学习上手快。Go 语言的学习曲线并不陡峭，无论是刚开始接触编程的朋友，还是有其他语言开发经验而打算学习 Go 语言的朋友，大家都可以放心大胆来学习和了解 Go 语言，"它值得拥有！"

让我们开始 Go 语言学习之旅吧！

1.2　Go 语言安装

要用 Go 语言来进行开发，需要先搭建开发环境。Go 语言支持以下系统：

- Linux
- FreeBSD
- Mac OS X（也称为 Darwin）
- Windows

首先需要下载 Go 语言安装包，下载地址为https://golang.org/dl/，国内下载地址是https://golang.google.cn/dl/。

1．源码编译安装

Go 语言是谷歌在 2009 年发布的第二款开源编程语言。经过几年的版本更迭，目前 Go 已经发布了 1.11 版本，UNIX/Linux/Mac OS X 和 FreeBSD 系统下可使用如下源码安装方法。

（1）下载源码包。链接是 https://golang.google.cn/dl/go1.11.1.linux-amd64.tar.gz。

（2）将下载的源码包解压至 /usr/local 目录：

tar -C /usr/local -xzf go1.11.1.linux-amd64.tar.gz

（3）将 /usr/local/go/bin 目录添加至 PATH 环境变量：

export PATH=$PATH:/usr/local/go/bin

（4）设置 GOPATH、GOROOT 环境变量。

GOPATH 是工作目录，GOROOT 是 Go 的安装目录，这里为/usr/local/go/。

> Mac 系统下可以使用以.pkg 为扩展名的安装包直接双击来完成安装，安装目录在 /usr/local/go/ 下。

2．Windows 系统下安装

在 Windows 系统下一般采用直接安装，下载 go 1.11.1.windows-amd64.zip 版本，直接解压到安装目录，如 D:\Go，然后把 D:\Go\bin 目录添加到 PATH 环境变量中。

另外，还需要设置两个重要环境变量：

GOPATH=D:\goproject

GOROOT=D:\Go\

以上环境变量设置好后，就可以使用 Go 语言来开发了。

Windows 系统也可以选择 go1.11.1.windows-amd64.msi，双击运行程序，根据提示来操作。

> GOPATH 是工作目录，可以有多个，用分号隔开。
> GOROOT 是安装目录。

按 Win+R 键打开命令行（注意：设置环境变量后需要重新打开命令行），输入 go，出现如下显示，说明 Go 语言运行环境已经安装成功。

```
D:\goproject\src>go
Go is a tool for managing Go source code.

Usage:

        go <command> [arguments]

The commands are:

        bug             start a bug report
        build           compile packages and dependencies
        clean           remove object files and cached files
        doc             show documentation for package or symbol
        env             print Go environment information
        fix             update packages to use new APIs
        fmt             gofmt (reformat) package sources
        generate        generate Go files by processing source
        get             download and install packages and dependencies
        install         compile and install packages and dependencies
        list            list packages or modules
        mod             module maintenance
```

```
            run              compile and run Go program
            test             test packages
            tool             run specified go tool
            version          print Go version
            vet              report likely mistakes in packages

Use "go help <command>" for more information about a command.

Additional help topics:

            buildmode        build modes
            c                calling between Go and C
            cache            build and test caching
            environment environment variables
            filetype         file types
            go.mod           the go.mod file
            gopath           GOPATH environment variable
            gopath-get       legacy GOPATH go get
            goproxy          module proxy protocol
            importpath       import path syntax
            modules          modules, module versions, and more
            module-get       module-aware go get
            packages         package lists and patterns
            testflag         testing flags
            testfunc         testing functions

Use "go help <topic>" for more information about that topic.
```

另外，输入 go version，可看到安装的 Go 版本信息，如图 1-1 所示。

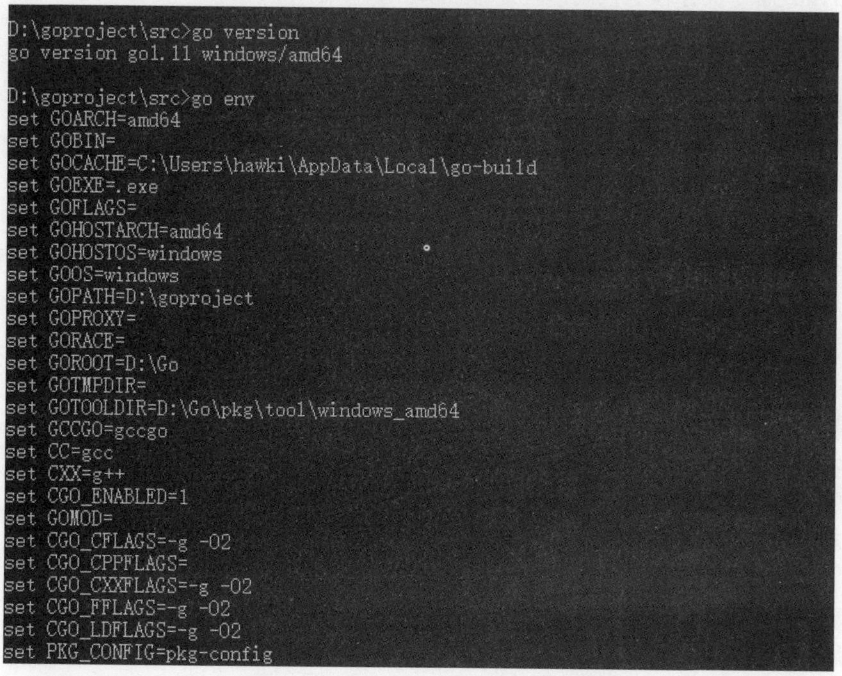

图 1-1　go version 和 go env 命令

图 1-1 中，输入 go env 命令可以看到用户自己的相关 Go 环境变量，这里重点关注 GOPATH 和 GOROOT，其他变量暂不用深入了解。

在本书中，所有代码和标准库的讲解都基于 Go 1.11 版本，还没有升级的用户请及时升级。

$GOPATH 允许有多个目录，当有多个目录时，请注意分隔符，Windows 中的分隔符是分号 "；"。当有多个$GOPATH 时默认将 go get 命令获取的包存放在第一个目录下。

$GOPATH 目录下约定有三个子目录。

- src 存放源代码（如.go, .c, .h, .s 等文件）。按照 Go 默认约定，src 目录是 go run，go install 等命令的当前工作路径（即在此路径下执行上述命令）。src 也是用户代码存放的主要目录，所有的源码都放在这个目录下面，一般一个项目和一个目录对应。
- pkg 存放编译时生成的中间文件（比如：.a）。
- bin 存放编译后生成的可执行文件。

接下来就可以试试代码编译运行了。

在本书中，所有示例代码都放在$GOPATH 目录下的 src\go42 目录中，本书的第一个例子文件名为 test.go，代码如下：

```
//GOPATH\src\go42\chapter-1\1.2\1\ test.go

package main

import "fmt"

func main() {
    fmt.Println("Hello, World!")
}
```

使用 go run 命令执行以上代码，程序输出如下：

```
GOPATH\src\go42\chapter-1\1.2\1>go run test.go

Hello, World!
```

1.3　Go 语言开发工具

本书推荐的 Go 语言开发工具是 LiteIDE，这是一个开源、跨平台的轻量级 Go 语言集成开发环境（IDE）。在安装 LiteIDE 之前，一定要先安装 Go 语言环境。LiteIDE 支持以下的操作系统：

- Windows x86 (32-bit 或 64-bit)
- Linux x86 (32-bit 或 64-bit)

LiteIDE 可以通过以下途径下载。

可执行文件地址：https://sourceforge.net/projects/liteide/files/

源码地址：https://github.com/visualfc/liteide

golang 中国也可以下载（https://www.golangtc.com/download/liteide）。下载速度可能会快一些，但版本更新较慢，建议还是选择官方地址下载。

1. 可执行文件系统下直接安装

Windows 下选择 liteidex35.1.windows-qt5.9.5.zip，下载之后解压，在 liteide\bin 文件夹下找

到 liteide.exe，双击运行。

如无意外，将会出现 LiteIDE 的运行界面，如图 1-2 所示。

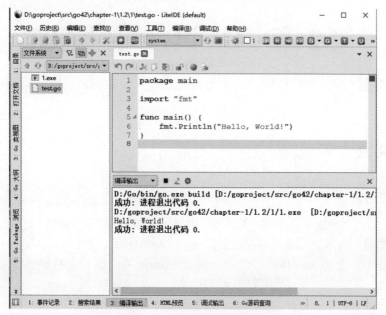

图 1-2　LiteIDE 运行界面

LiteIDE 的使用相对来说比较简单，很容易上手，就不在此细说了。

2．源码编译安装

下载 LiteIDE 源码后，需要使用 Qt4/Qt5 来编译源代码，Qt 库可以从 https://qt-project.org/downloads 上获取。Mac OS X 用户可以不从源代码编译 Qt，直接在终端中运行 brew update && brew install qt，节省大量时间。

有关 LiteIDE 安装的更多说明请访问 http://liteide.org/cn/doc/install/。

其他的开发工具还有 Eclipse、Sublime 等，可以根据个人喜好选择使用。

现在 Go 语言和开发工具都已经安装完成，接下来开始学习 Go 的基础知识，并实际使用它们来进行练习和开发。

第2章　Go 语言编程基础

程序语言的数据类型是学习时必须了解的基础知识，Go 语言也一样。本章就从 Go 语言的数据类型开始。

2.1　数据类型

2.1.1　基础数据类型

Go 语言数据类型可用于参数和变量声明，按类别大致有以下几种数据类型：

（1）布尔类型：布尔型的值只可以是常量 true 或者 false，例如 var b bool = true。

（2）数字类型：整型 int 和浮点型 float32、float64。Go 语言支持整型和浮点型数字，并且原生支持复数，其中位的运算采用补码。

（3）字符串类型：字符串就是一串固定长度的字符连接起来的字符序列。Go 语言的字符串是由单个字节连接起来的，字节使用 UTF-8 编码标识 Unicode 文本。

（4）复合（派生）类型：包括指针类型（pointer）、数组类型（array）、结构类型（struct）、通道类型（channel）、函数类型（function）、切片类型（slice）、接口类型（interface）和字典类型（map）。

（5）错误类型（error）：error 类型是 Go 语言预定义类型。

如：

```
type error interface {
    Error() string
}
```

错误类型是接口，其 nil 值表示无错误。例如，定义从文件读取数据的函数，其返回值就有一个错误类型：

```
func Read(f *File, b []byte) (n int, err error)
```

Go 语言也有基于架构的数据类型，如 int、uint 和 uintptr 等，这些数据类型的长度都是根据运行程序时所在的操作系统类型决定的。

根据每种具体的基础数据类型，整理了相关的详细说明，详情如下。

整型见表 2-1。

表 2-1　整型数据

关 键 字	是否有符号	长度（范围）
uint8	无符号	8 位整型（0～255）
uint16	无符号	16 位整型（0～65535）
uint32	无符号	32 位整型（0～4294967295）
uint64	无符号	64 位整型（0～18446744073709551615）

（续）

关 键 字	是否有符号	长度（范围）
int8	有符号	8 位整型（-128~127）
int16	有符号	16 位整型（-32768~32767）
int32	有符号	32 位整型（-2147483648~2147483647）
int64	有符号	64 位整型（-9223372036854775808~9223372036854775807）

其他整型见表 2-2。

表 2-2　其他整型

关 键 字	说　明
byte	类似 uint8，8 位
rune	类似 int32，32 位
uint	32 或 64 位无符号整型，与系统有关
int	32 或 64 位有符号整型，与系统有关
uintptr	无符号整型，用于存放一个指针

浮点型见表 2-3。

表 2-3　浮点型

关 键 字	说　明
float32	IEEE-754　32 位浮点型数
float64	IEEE-754　64 位浮点型数

浮点数可细分为 float32 和 float64 两种。浮点数能够表示的范围可以从很小到很大，这个极限值范围可以在 math 包中获取，math.MaxFloat32 表示 float32 的最大值，大约是 3.4e38，math.MaxFloat64 大约是 1.8e308，两个类型最小的非负值大约是 1.4e-45 和 4.9e-324。

float32 大约可以提供小数点后 6 位的精度，而 float64 可以提供小数点后 15 位的精度。通常情况应该优先选择 float64，因为 float32 的精度较低，在累积计算时误差扩散很快，而且因为浮点数和整数的底层解释方式完全不同，float32 能精确表达的最小正整数并不大。

字符串在 Go 语言中是只读的 Unicode 字节序列，Go 语言使用 UTF-8 格式编码 Unicode 字符，每个字符对应一个 rune 类型。一旦字符串变量赋值之后，内部的字符就不能修改。

在一定条件下，字符串可以转为数字：

```
int, err := strconv.Atoi(string)              // string 转 int
int64, err := strconv.ParseInt(string, 10, 64) // string 转 int64
```

数字也可转为字符串：

```
string := strconv.Itoa(int)              // int 转 string
string := strconv.FormatInt(int64, 10)   // int64 转 string
```

在 Go 语言中，对字符串使用 range 循环会在每次迭代时，解码一个 UTF-8 编码的字符。每次循环时，循环的索引是当前文字的起始位置，它的值（rune）是 Unicode 代码点。

使用 range 迭代字符串时，需要注意，range 迭代的是 Unicode 而不是字节。返回的两个值，第一个是被迭代的字符的 UTF-8 编码的第一个字节在字符串中的索引，第二个是对应的字符且类型为 rune（实际就是表示 Unicode 值的整型数据）。例如：

```
//GOPATH\src\go42\chapter-2\2.1\1\main.go

package main

import "fmt"

const s = "Go 语言"

func main() {

    for i, r := range s {
        fmt.Printf("%#U ： %d\n", r, i)
    }
}
```

程序输出：

```
U+0047 'G'  ：  0
U+006F 'o'  ：  1
U+8BED '语'  ：  2
U+8A00 '言'  ：  5
```

复数类型见表 2-4。

表 2-4　复数类型

关　键　字	说　　明
complex64	用 32 位浮点数构造复数
complex128	用 64 位浮点数构造复数

复数类型在实际中相对使用较少，主要用于数学专业。它分为两种类型：complex64 和 complex128。

复数使用 re+imi 来表示，其中 re 代表实数部分，im 代表虚数部分，i 代表 $\sqrt{-1}$。示例如下：

```
var c complex128 = 1.0 + 10i
fmt.Printf("The value is: %v", c)    // 输出：The value is: (1+10i)
```

如果 re 和 im 的类型均为 float32，那么下面的 cc 是类型为 complex64 的复数：

```
cc:= complex(re, im)
```

函数 real(c)和 imag(c)可以分别获得相应的实数和虚数部分。例如：

```
c := complex(5.67, 99.09)
fmt.Println("re: ", real(c), " im：", imag(c))
```

2.1.2　复合数据类型

Go 语言中有多种复合数据类型：数组（array）、切片（slice）、字典（map）、结构体（struct）、指针（pointer）、函数（function）、接口（interface）和通道（channel）。

数组和结构体都是聚合类型，长度固定。而切片和字典都是动态数据结构，长度可变。有关复合数据类型，后面会详细解释。

2.2　变量

2.2.1　变量以及声明

Go 语言中有四类标记：标识符（identifiers）、关键字（keywords）、运算符（operators）标点符号（punctuation）以及字面量（literals）。

Go 语言变量标识符由字母、数字、下画线组成，其中首字符不能为数字，同一字母的大小写在 Go 语言中代表不同标识。

根据 Go 语言规范，标识符命名程序实体，例如变量和类型。标识符是一个或多个 Unicode 字母和数字的序列。标识符中的第一个字符必须是 Unicode 字母。

```
identifier = letter { letter | unicode_digit } .
```

Go 语言规范中，下画线 "_" 也被认为是字母。

```
// The underscore character _ (U+005F) is considered a letter.
letter        = unicode_letter | "_" .
unicode_digit = /* a Unicode code point classified as "Number, decimal digit" */ .
```

> 在 Unicode 标准 8.0 中，第 4.5 节 "常规类别" 定义了一组字符类别。Go 语言将 Unicode 中任何字母类别 Lu、Ll、Lt、Lm 或 Lo 中的所有字符视为 Unicode 字母，将数字类别 Nd 中的字符视为 Unicode 数字。

据统计，Go 语言视为 Unicode 的字母（含下画线 "_"）一共有 20871 个（包括汉字），见表 2-5。

表 2-5　Unicode 字母表

字 母 类 别	含　　义	数　　量
Lu	字母,大写	1781
Ll	字母,小写	2145
Lt	字母,词首字母大写	31
Lm	字母,修饰符	250
Lo	字母,其他	16053
Nd	数字,十进制数	610

在 Go 语言中，命名标识符时，通常选择英文的 52 个大小写字母以及数字 0~9 和下画线来组合成合适的标识符。表 2-5 中其他的字符也可以用于标识符，但不在表中的字符是不能用在 Go 语言标识符中的。大写字母主要是指 Lu 类别中的 1781 个字母。

另外，Go 语言中关键字是保留字，不能作为变量标识符，见表 2-6。

表 2-6　Go 语言关键字表

break	default	func	interface	select
case	defer	go	map	struct
chan	else	goto	package	switch
const	fallthrough	if	range	type
continue	for	import	return	var

Go 语言变量声明使用关键字 var，下面声明了几个变量：

```
var (
    a int
    b bool
    str string
    浮点 float32    // 没错，中文可以作为变量标识符
)
```

上面这种写法一般用于声明多个全局变量，通常在函数外定义。单个变量的声明不用加圆括号，比如：

```
var year int
```

记住，这些变量在 Go 语言中都会自动赋予对应的零值，但零值并不一定是 0，后面有关于零值的详细说明。

多个变量可以在同一行进行赋值，也称为并行或同时或平行赋值。如：

```
a, b, c = 5, 7, "abc"
```

简式声明（short variable declarations），也叫短变量声明，它是具有初始化表达式的常规变量声明的简写，但没有类型（隐式类型定义，会根据其使用环境而推断出它所具备的类型）。如：

```
a, b, c := 5, 7, "abc"    // 注意等号前的冒号
```

上面代码中表达式右边的值以相同的顺序赋值给表达式左边的变量，所以 a 的值是 5， b 的值是 7，c 的值是 "abc"。

简式声明可能常常出现在函数内部。但在某些上下文中，例如 "if"，"for" 或 "switch" 语句的初始化程序中也可以使用，它们可用于声明本地临时变量。

简式声明虽然一般用在函数内，但要注意的是：全局变量和简式声明的变量尽量不要同名，否则很容易产生偶然的变量隐藏（Accidental Variable Shadowing）。

即使对于经验丰富的 Go 开发者，这也是一个常见的陷阱，很难发现。例如：

```
// GOPATH\src\go42\chapter-2\2.2\1\main.go

package main

import (
    "fmt"
)

var x int = 10

func main() {
    x := 1    // 这里全局变量 x 和 简式变量 x 会有变量隐藏，全局变量 x 在这层失效
    fmt.Println(x) // 显示 1，简式变量在这层 block 生效
    {
        fmt.Println(x) // 显示 1
        x := 2
        fmt.Println(x) // 显示 2
    }
    fmt.Println(x) // 注意：显示 1 (不是 2)
}
```

程序输出：

```
1
1
2
1
```

上面代码的输出一方面验证了变量隐藏这个现象，另一方面也展现了 Go 语言中的作用域问题。其实所谓变量隐藏就是因为变量作用域不同导致的现象。在一个作用域中，声明一个标识符并使用时，需要注意它的使用范围即作用域。

下面是有关 Go 语言中作用域的规则：

- 在 Go 语言中，在顶层声明的常量、类型、变量或函数的标识符的范围是包块。
- 导入包名称范围是包含导入声明的文件的文件块。
- 方法接收器、函数参数或结果变量的标识符的范围是函数体。
- 在函数内声明的常量或变量标识符的范围从声明语句的末尾开始，到最内层包含块的末尾结束。
- 在函数内声明的类型标识符的范围从标识符开始，到最内层包含块的末尾结束。
- 块中声明的标识符可以在内部块中重新声明。

如果想要交换两个变量的值，则可以简单地使用：

```
a, b = b, a
```

在 Go 语言中，这样省去了使用交换函数的过程。

空白标识符 _ 也被用于抛弃值。如：

```
_, b = 5, 7   // 5 被抛弃
```

_ 实际上是一个只写变量，不能得到它的值。这样做是因为 Go 语言中必须使用所有被声明的变量，但有时并不需要使用从一个函数得到的所有返回值。

Go 语言有个强制规定，在函数内一定要使用全部声明的变量，若存在未使用的变量，则代码将编译失败。因此可以将该未使用的变量改为空白标识符_或者干脆注释掉。但未使用的全局变量是没问题的，没有这个限制。

```
// GOPATH\src\go42\chapter-2\2.2\2\main.go

package main

import "fmt"

var x = 9

func main() {
    // y := 8 // y declared and not used
    fmt.Println("Hello, World!")
}
```

上面代码中全局变量 x 未使用不会影响程序的编译，但如果去掉变量 y 后面的注释符，则编译不通过，因为变量 y 没有使用，这个规则在 Go 语言中是强制性的。

另外，在 Go 语言中，如果导入的包未使用，就不能通过编译。如果不直接使用包里的函数，而只是调用包中的 init()函数，或者调试代码时去掉了对某些包的功能使用，可以添加一个

下画线标识符 "_" 来作为这个包的名字，从而避免编译失败。在 import 语句中，下画线标识符用于表示导入，但不会在包中使用。例如：

```
// GOPATH\src\go42\chapter-2\2.2\3\main.go

package main

import (
    _ "fmt"
    "log"
    "time"
)
var _ = log.Println
func main() {
    _ = time.Now
}
```

上面代码中，fmt 包就没有使用，所以使用空白标识符。

并行赋值也用于当一个函数返回多个返回值时，比如下面的 val 和错误 err 是通过调用 Func1()函数同时得到的：

```
val, err = Func1(var1)
```

对于布尔值，好的命名能够很好地提升代码的可读性，例如以 is 或者 Is 开头的 isSorted、isFinished、isVisible，使用这样的命名能够在阅读代码时，获得阅读正常语句一样的良好体验，例如标准库中的 unicode.IsDigit(ch)。

在 Go 语言中，指针属于引用类型，其他的引用类型还包括切片、字典和通道，如果传递引用类型参数或者赋值给引用类型变量，原始数据有改动时它们也会发生变化。

注意，Go 语言中的数组是值类型，因此向函数中传递数组时，函数会得到原始数组数据的一份副本。如果打算更新数组的数据，可以考虑使用数组指针类型。

```
// GOPATH\src\go42\chapter-2\2.2\4\main.go

package main

import "fmt"

func main() {
    x := [3]int{1, 2, 3}

    func(arr *[3]int) {
        (*arr)[0] = 7
        fmt.Println(arr) // 显示 &[7 2 3]
    }(&x)

    fmt.Println(x) // 显示 [7 2 3]
}
```

被引用的变量一般存储在堆内存中，以便系统进行垃圾回收（GC），且比栈拥有更大的内存空间。但 Go 编译器会自动做出选择，程序员不能直接判断其在内存中的位置，究竟是堆内存还是栈内存。

执行 go tool compile 命令，可以看到上面代码中 &x 发生了逃逸，x 被储存在堆中。

```
GOPATH\src\go42\chapter-2\2.2\4\>go tool compile -m main.go
main.go:11:4: &x escapes to heap
main.go:6:2: moved to heap: x
main.go:13:13: x escapes to heap
main.go:10:14: arr escapes to heap
main.go:8:7: leaking param: arr
main.go:8:2: main func literal does not escape
main.go:13:13: main ... argument does not escape
main.go:10:14: main.func1 ... argument does not escape
```

> Go 编译器会做逃逸分析，所以由 Go 的编译器决定在哪里（堆或栈）分配内存，保证程序的正确性。

2.2.2　零值（nil）

当一个变量被 var 声明之后，如果没有为其明确指定初始值，Go 语言会自动初始化其值为此类型对应的零值，见表 2-7。

表 2-7　零值表

类　　型	零　　值
integer	0
float	0.0
bool	false
string	空字符串""
pointer,interface, error ,function, map, slice, channel	nil

对其他类型的零值，特别是复合类型的零值，Go 语言会自动递归地将每一个元素初始化为其类型对应的零值。

nil 表示 pointer、interface、function、map、slice 和 channel 的零值。如果代码中指定变量的类型，编译器将无法编译代码，因为它猜不出具体的类型。

```
// GOPATH\src\go42\chapter-2\2.2\5\main.go

package main

func main() {
    var x = nil // 错误

    _ = x
}

// 编译错误：use of untyped nil
```

在一个 nil 的切片中添加元素是没问题的，但需要注意的是对一个字典做同样的事将会生成一个运行时的异常。

```
// GOPATH\src\go42\chapter-2\2.2\6\main.go
```

```
package main

func main() {
    var m map[string]int
    m["one"] = 1 // panic: assignment to entry in nil map

}

// 程序运行时发生 panic: assignment to entry in nil map
```

字符串不会为 nil，这对于经常使用 nil 分配字符串变量的开发者而言是个需要注意的地方。

```
var str string = ""      //""是字符串的零值
```

根据前面的介绍，其实这样写和上面的效果一样：

```
var str string
```

2.3 常量

2.3.1 常量定义

常量使用关键字 const 定义，用于存储不会改变的数据。常量不能被重新赋予任何值。

存储在常量中的数据类型只可以是布尔型、数字型（rune、整型、浮点型和复数）和字符串型。

常量的定义格式为 const identifier [type] = value，例如：

```
const Pi = 3.14159
```

在 Go 语言中，可以省略类型说明 type，因为编译器可以根据变量（常量）的值来推断其类型。

无类型常量具有默认类型，该类型是在需要类型化值的上下文中隐式转换常量的类型，例如，在简式声明中，i: = 0 没有显式类型。无类型常量的默认类型分别是 bool，rune，int，float64，complex128 或 string，具体取决于它是布尔值、字符、整数、浮点数、复数还是字符串常量。例如：

```
const b string = "abc"        // 显式类型定义
const b = "abc"               // 隐式类型定义
```

Go 语言的常量定义可以限定常量类型，但不是必需的。如果定义常量时没有指定类型，那么它与字面常量一样，是无类型（untyped）常量。一个没有指定类型的常量在使用时，会根据其使用环境而推断出它所需要具备的类型。换句话说，未定义类型的常量会在必要时根据上下文来获得相关类型。

常量的值必须是在编译时就能确定的；可以在其赋值表达式中涉及计算过程，但是所有用于计算的值必须在编译期间就能获得。

Go 语言预定义了这些常量字面量： true、 false 和 iota。布尔常量只包含两个值：true 和 false。

2.3.2　iota

iota 比较特殊，可以认为它是一个可被编译器修改的常量，在每一个 const 关键字出现时被重置为 0，然后在下一个 const 出现之前，每出现一次 iota，其所代表的数字就会自动加 1。

在下面的例子中，iota 可以被用作枚举值：

```
const (
    a = iota    // iota==0
    b = iota    // iota==1
    c = iota    // iota==2
)
```

第一个 iota 等于 0，每当 iota 在新的一行被使用时，它的值都会自动加 1。所以 a=0, b=1, c=2 可以简写为如下形式：

```
const (
    a = iota        // iota==0
    b               // iota==1
    c               // iota==2
)
```

注意：

```
const (
    a = iota        // iota==0
    b = 8
    c
)
```

常量 a, b, c 分别为 0, 8, 8，新的常量 b 声明后，iota 不再向下赋值，后面常量如果没有赋值，则继承上一个常量值。

可以简单理解为在一个 const 块中，每换一行定义常量，iota 都会自动加 1。

根据定义，同一常量表达式中 iota 的多次使用都具有相同的值。

```
const (
    bit0, mask0 = 1 << iota, 1<< iota - 1    //  bit0 == 1, mask0 == 0   (iota == 0)
    bit1, mask1                              //  bit1 == 2, mask1 == 1   (iota == 1)
    _, _                                     //  (iota == 2, unused)
    bit3, mask3                              //  bit3 == 8, mask3 == 7   (iota == 3)
)
```

iota 也可以用在常量表达式中，如 iota + 50。在每遇到一个新的常量块或单个常量声明时，iota 都会重置为 0（简单地讲，每遇到一次 const 关键字，iota 就重置为 0）。

使用位左移与 iota 计数配合可优雅地实现存储单位的常量枚举。

```
type ByteSize float64
const (
    _ = iota // 通过赋值给空白标识符来忽略值
    KB ByteSize = 1<<(10*iota)
    MB
    GB
    TB
    PB
    EB
```

```
        ZB
        YB
    )
```

数值常量（Numeric constants）包括整型、浮点数以及复数常量。数值常量有一些微妙之处。

```
// GOPATH\src\go42\chapter-2\2.3\1\main.go

package main

import (
    "fmt"
)

func main() {
    const a = 5
    var intVar int = a
    var int32Var int32 = a
    var float64Var float64 = a
    var complex64Var complex64 = a
    fmt.Println("intVar", intVar, "\nint32Var", int32Var, "\nfloat64Var", float64Var, "\ncomplex64Var", complex64Var)
}
```

程序输出：

```
intVar 5
int32Var 5
float64Var 5
complex64Var (5+0i)
```

在这个程序中，a 的值是 5 并且 a 在语法上是泛化的（它既可以表示浮点数 5.0，也可以表示整数 5，甚至可以表示没有虚部的复数 5 + 0i），因此 a 可以赋值给任何与之类型兼容的变量。像 a 这种数值常量的默认类型可以想象成是通过上下文动态生成的。

当然，常量之所以为常量，就是因为它是恒定不变的量，因此无法在程序运行过程中修改它的值；如果在代码中试图修改常量的值则会引发编译错误。同时，在常量定义中，没有强制要求常量名全部大写，但一般都会全部字母大写，以便阅读。

2.3.3　字面量（literal）

在 Go 语言中，字面量是指由字母、数字等构成的字符串或者数值，它只能作为右值出现。有下面几种字面量。

1. 整数字面量（Integer literals）

表示整数常量的数字序列。可选前缀设置非十进制基数：0 表示八进制，0x 或 0X 表示十六进制。在十六进制数中，字母 a~f 和 A~F 表示值 10 到 15。如下所示：

```
42
0600
0xBadFace
170141183460469231731687303715884105727
```

2．浮点数字面量（**Floating-point literals**）

浮点数字面量是浮点常量的十进制表示。它有一个整数部分、一个小数点、一个小数部分和一个指数部分。整数和小数部分包括十进制数字，指数部分是 e 或 E，后跟可选的带符号的十进制指数。可以省略整数部分或小数部分中的一个，可以省略小数点或指数之一。如下所示：

```
0.
72.40
072.40    // == 72.40
2.71828
1.e+0
6.67428e-11
1E6
.25
.12345E+5
```

3．虚数字面量（**Imaginary literals**）

虚数字面量是复数常数的虚部的十进制表示。它由浮点字面量或十进制整数后跟小写字母 i 组成。如下所示：

```
0i
011i    // == 11i
0.i
2.71828i
1.e+0i
6.67428e-11i
1E6i
.25i
.12345E+5
```

4．Rune 字面量（**Rune literals**）

Rune 字面量是标识 Unicode 代码点的整数值。Rune 字面量表示用单引号括起来的一个或多个字符，如'x'或'\n'。在单引号内，除了换行符和未转义的单引号外，任何字符都可以出现。单引号字符表示字符本身的 Unicode 值，而以反斜杠开头的多字符序列表示各种格式编码值。

最简单的形式为引号内的单个字符。由于 Go 源代码是以 UTF-8 编码的 Unicode 字符，因此多个 UTF-8 编码的字节可以表示单个整数值。例如，文字'a'包含表示文字 a 的单个字节，Unicode U+0061，值为 0x61，而'ä'包含两个字节（0xc3 0xa4），表示文字 a-dieresis，U+00E4，值为 0xe4。

几个反斜杠转义允许将任意值编码为 ASCII 文本。有四种方法可以将整数值表示为数字常量：

（1）\x 后跟恰好两个十六进制数字。

（2）\u 后跟恰好四个十六进制数字。

（3）\U 后跟恰好八个十六进制数字。

（4）\后跟恰好三个八进制数字。

在每种情况下，Rune 的值是由相应基数中的数字表示的值。

虽然这些表示都是整数，但它们具有不同的有效范围。八进制转义必须表示 0 到 255 之间的值（包括 0 和 255）。转义符\u 和\U 表示 Unicode 代码点，因此其中一些值是非法的，特别是那些高于 0x10FFFF 的值。如下所示：

```
'a'
'本'
'\t'
'\000'
'\007'
'\xff'
'\u12e4'
'\U00101234'
'aa'          // 非法: 多个字符
'\xa'         // 非法: 十六进制数字太少
'\0'          // 非法: 八进制数字不正常
'\U00110000'  // 非法: 无效的 Unicode 代码点
```

5. 字符串字面量（String literals）

字符串字面量表示通过连接字符序列获得的字符串常量。有两种形式：原始字符串字面量和解释的字符串字面量。

原始字符串字面量是反引号之间的字符序列，如`foo`。在反引号内，除反向引号外，任何字符都可能出现。原始字符串文字的值是由反引号之间的字符组成的字符串，注意不是单引号。

解释的字符串文字是双引号之间的字符序列，如"bar"。在双引号内，除了换行符和未转义的双引号外，任何字符都可以出现。引号之间的文本形成文字的 rune 值，反斜杠转义符被解释为符文（rune）。三位八进制（\nnn）和两位十六进制（\xnn）转义表示字符串的各个字节，其他转义表示单个字符的（可能是多字节）UTF-8 编码。因此\377 和\ xFF 表示单个字符值 0xFF = 255 的字节，而 ÿ，\u00FF，\U000000FF 和\xc3 \xbf 表示字符 U+00FF 与 UTF-8 编码的两个字节 0xc3 0xbf。如下所示：

```
`abc`                //与"abc"相同
`\n
\n`                  //与"\\n\n\\n"相同
"\n"
"\""                 //与`"`相同
"Hello, world!\n"
"日本語"
"\u65e5 本\U00008a9e"
"\xff\u00FF"
```

2.4 运算符

2.4.1 内置运算符

Go 语言运算符（operators）见表 2-8。

表 2-8 运算符

+	&	+=	&=	&&	==	!=	(	)
-	|	-=	|=	||	<	<=	[	]
*	^	*=	^=	<-	>	>=	{	}
/	<<	/=	<<=	++	=	:=	,	;
%	>>	%=	>>=	--	!	...	.	:
&^	&^=							

可以把上面的运算符分为下面几类：

- 算术运算符
- 关系运算符
- 逻辑运算符
- 位运算符
- 赋值运算符
- 其他运算符

1. Go 语言的算术运算符

算术运算符应用于数值类型，并产生与第一个操作数相同类型的结果。四个标准算术运算符（+，-，*，/）适用于整数、浮点和复数类型；+也适用于字符串。按位逻辑和移位运算符仅适用于整数。见表 2-9。

表 2-9　算术运算符

运 算 符	含 义	效 果
+	相加	A+B
-	相减	A-B
*	相乘	A*B
/	相除	B/A 结果还是整数。如：8/3=2
%	求余	B%A
++	自增	A++
--	自减	A--

有关两个整数的商和取余算法结果，见表 2-10。

表 2-10　整数运算示例

变 量	变 量	商	取 余
x	y	x/y	x%y
5	3	1	2
-5	3	-1	-2
5	-3	-1	2
-5	-3	1	-2

2. Go 语言的关系运算符

关系运算符见表 2-11。

表 2-11　关系运算符

运 算 符	含 义	效果（A 小于 B）
==	检查两个值是否相等，是则返回 True，否则返回 False	(A==B) 为 False
!=	检查两个值是否不相等，是则返回 True，否则返回 False	(A!=B) 为 True
>	检查左边值是否大于右边值，是则返回 True，否则返回 False	(A>B) 为 False
<	检查左边值是否小于右边值，是则返回 True，否则返回 False	(A<B) 为 True
>=	检查左边值是否大于或等于右边值，是则返回 True，否则返回 False	(A>=B) 为 False
<=	检查左边值是否小于或等于右边值，是则返回 True，否则返回 False	(A<=B) 为 True

3．Go 语言的逻辑运算符

逻辑运算符见表 2-12。

表 2-12　逻辑运算符

运　算　符	含　义
&&	逻辑与。如果两边的操作数都是 True，则结果为 True，否则为 False
‖	逻辑或。如果两边的操作数有一个 True，则结果为 True，否则为 False
！	逻辑非。如果操作数为 True，则结果为 False，否则为 True

4．Go 语言的位运算符

位运算符见表 2-13。

表 2-13　位运算符

运　算　符	含　义
&	按位与运算符"&"是双目运算符。 其功能是参与运算的两数各对应的位相与
｜	按位或运算符"｜"是双目运算符。 其功能是参与运算的两数各对应的位相或
＾	按位异或运算符"＾"是双目运算符。 其功能是参与运算的两数各对应的位相异或，当对应的位相异时，结果为 1
<<	左移运算符"<<"是双目运算符。左移 n 位就是乘以 2 的 n 次方。其功能是把"<<"左边的运算数的各位全部左移若干位，由"<<"右边的数指定移动的位数，高位丢弃，低位补 0
>>	右移运算符">>"是双目运算符。右移 n 位就是除以 2 的 n 次方。 其功能是把">>"左边的运算数的各位全部右移若干位，">>"右边的数指定移动的位数

位运算符主要对整数在内存中的二进制位进行操作。

表 2-14 列出了位运算符&、| 和 ＾ 的计算。

表 2-14　位运算示例

变量 1	变量 2	与 运 算	或 运 算	异 或 运 算
p	q	p & q	p｜q	p＾q
0	0	0	0	0
0	1	0	1	1
1	1	1	1	0
1	0	0	1	1

5．Go 语言的赋值运算符

赋值运算符见表 2-15。

表 2-15　赋值运算符

运　算　符	含　义	效　果
=	简单的赋值运算	
+=	相加后再赋值	C += A 等于 C = C + A
-=	相减后再赋值	C -= A 等于 C = C - A
*=	相乘后再赋值	C *= A 等于 C = C * A
/=	相除后再赋值	C /= A 等于 C = C / A
%=	求余后再赋值	C %= A 等于 C = C % A
<<=	左移后赋值	C <<= 2 等于 C = C << 2

（续）

运　算　符	含　　义	效　　果
>>=	右移后赋值	C >>= 2 等于 C = C >> 2
&=	按位与后赋值	C &= 2 等于 C = C & 2
^=	按位异或后赋值	C ^= 2 等于 C = C ^ 2
|=	按位或后赋值	C |= 2 等于 C = C | 2

6．Go 语言的其他运算符

其他运算符见表 2-16。

表 2-16　其他运算符

运　算　符	含　　义	效　　果
&	返回变量存储地址	&a：将给出变量的实际地址
*	指针变量	*a：是一个指针变量

2.4.2　运算符优先级

一元运算符具有最高优先级。由于 ++ 和 -- 运算符形成语句而不是表达式，所以它们不属于运算符层次结构。因此，语句* p ++与（* p）++相同。

二元运算符有五个优先级。乘法运算符优先级最高，然后是加法运算符、比较运算符、&&（逻辑 AND），最后是 ||（逻辑 OR），见表 2-17，优先级数字越大表示优先级越高。

表 2-17　运算符优先级

优　先　级	运　算　符
5	* / % << >> & &^
4	+ - | ^
3	== != < <= > >=
2	&&
1	||

当然，可以通过使用括号来临时提升某个表达式的整体运算优先级。也推荐使用括号这种方式来表明运算优先级，这样可以减少代码中的错误。

2.4.3　几个特殊运算符

1．位清除 &^

将指定位置上的值设置为 0。将运算符左边数据相异的位保留，相同位清零。

```
X=2
Y=4
x&^y==x&(^y)
```

首先把 x,y 换算成二进制，0000 0010 &^ 0000 0100 = 0000 0010。如果 y 某位上的数是 0，则取 x 上对应位置的值；如果 y 某位上为 1，则结果位上取 0。

（1）如果右侧是 0，则左侧数保持不变。

（2）如果右侧是 1，则左侧数一定清零。

（3）功能与 a&(^b)相同。

（4）如果左侧是变量，也等同于：

```
var a int
a &^= b
```

2. ^ 异或（XOR）

在 Go 语言中 XOR 是作为二元运算符存在的。但是如果作为一元运算符出现，它的意思是按位取反。

作为二元运算符，XOR 是不进位加法计算，也就是异或计算。如 0000 0100 + 0000 0010 = 0000 0110 = 6。

常见可用于整数和浮点数的二元运算符有 +、-、*和/。相对于一般规则而言，Go 在进行字符串拼接时允许对运算符 + 进行重载，但 Go 本身不允许开发者进行自定义的运算符重载。

对于整数运算而言，结果依旧为整数，例如：9 / 4。

取余运算符只能作用于整数：9 % 4。

浮点数除以 0.0 会返回一个无穷尽的结果，用 +Inf 表示。

可以将语句 b = b + a 简写为 b+=a，同样的写法也可用于 -=、*=、/=、%=。

对于整数和浮点数，可以使用一元运算符 ++（递增）和 --（递减），但只能用于后缀，例如：

i++ -> i += 1 -> i = i + 1

i-- -> i -= 1 -> i = i - 1

同时，变量带有 ++ 和 -- 的形式只能作为语句，而非表达式，因此 n = i++ 这种写法是错误的。

函数 rand.Float32 和 rand.Float64 返回 [0.0, 1.0) 区间的伪随机数，其中包括 0.0 但不包括 1.0。函数 rand.Intn 返回 [0, n) 区间的伪随机数。

可以使用 rand.Seed(value) 函数来提供伪随机数的生成种子，一般情况下都会使用当前时间（纳秒）作自变量。

2.5 字符串

2.5.1 字符串介绍

Go 语言中可以使用反引号或者双引号来定义字符串。反引号表示原生的字符串，即不进行转义。

（1）双引号：字符串使用双引号括起来，其中相关的转义字符将被替换。例如：

```
str := "Hello World! \n Hello Gopher! \n"
```

输出：

```
Hello World!
Hello Gopher!
```

（2）反引号：字符串使用反引号括起来，其中相关的转义字符不会被替换。例如：

```
str := `Hello World! \n Hello Gopher! \n`
```

输出：

```
Hello World! \nHello Gopher! \n
```

双引号中的转义字符被替换，而反引号中原生字符串中的 \n 会被原样输出。

Go 语言中的 string 类型是一种值类型，存储的字符串是不可变的，如果要修改 string 的内容，需要将 string 转换为[]byte 或[]rune，并且修改后的 string 内容是重新生成的。

那么 byte 和 rune 的区别是什么呢？（下面的写法是 type 别名，如 byte 与 uint8 是等价的）

```
type byte = uint8
type rune = int32
```

从上面的系统标准定义中可清楚看到 byte 和 rune 的长度不同，分别是 1B 和 4B。

而 string 类型的零值是为长度为零的字符串，即空字符串 ""。

一般的比较运算符（==、!=、<、<=、>=、>）通过在内存中按字节比较来实现字符串的对比。可以通过函数 len() 来获取字符串所占的字节长度，例如：len(str)。

字符串的内容（纯字节）可以通过标准索引法来获取，在中括号 [] 内写入索引，索引从 0 开始计数。

- 字符串 str 的第 1 个字节：str[0]
- 第 i 个字节：str[i - 1]
- 最后 1 个字节：str[len(str)-1]

需要注意的是，Go 语言代码使用 UTF-8 编码，同时标识符也支持 Unicode 字符。在标准库 unicode 包中，提供了对 Unicode 相关编码、解码的支持。而 UTF-8 编码是由 Go 语言之父 Ken Thompson 和 Rob Pike 共同发明的，现在已经是 Unicode 的标准。

Go 语言默认使用 UTF-8 编码，对 Unicode 的支持非常好。但这也带来一个问题，就是很多资料中提到的“获取字符串长度”的问题。内置的 len()函数获取的是每个字符的 UTF-8 编码的长度和，而不是直接的字符数量。

```go
// GOPATH\src\go42\chapter-2\2.5\1\main.go

package main

import (
    "fmt"
    "unicode/utf8"
)

func main() {

    s := "其实就是 rune"
    fmt.Println(len(s))                     // "16"
    fmt.Println(utf8.RuneCountInString(s)) // "8"
}
```

如字符串含有中文等字符，可以看到每个中文字符的索引值相差 3。下面的代码说明了在 for range 循环处理字符时，不是按照字节的方式来处理的。v 其实是一个 rune 类型值。实际上，Go 语言的 range 循环在处理字符串的时候，会自动隐式解码 UTF-8 字符串。

```
// GOPATH\src\go42\chapter-2\2.5\2\main.go
```

```
package main

import (
    "fmt"
)

func main() {
    s := "Go 语言四十二章经"
    for k, v := range s {
        fmt.Printf("k: %d,v: %c == %d\n", k, v, v)
    }
}


程序输出：
k: 0,v: G == 71
k: 1,v: o == 111
k: 2,v: 语 == 35821
k: 5,v: 言 == 35328
k: 8,v: 四 == 22235
k: 11,v: 十 == 21313
k: 14,v: 二 == 20108
k: 17,v: 章 == 31456
k: 20,v: 经 == 32463
```

> 获取字符串中某个字节的地址的行为是非法的，例如：&str[i]。

2.5.2 字符串拼接

可以通过以下方式对代码中多行的字符串进行拼接。

1. 直接使用运算符

```
str := "Beginning of the string " +
    "second part of the string"
```

由于编译器会在代码行尾自动补全分号的缘故，加号必须放在第一行。

拼接的简写形式 += 也可以用于字符串。

```
s := "hel" + "lo, "
s += "world!"
fmt.Println(s) // 输出 "hello, world!"
```

里面的字符串都是不可变的，每次运算都会产生一个新的字符串，所以会产生很多临时的字符串，不仅没有用，还会给垃圾回收带来额外的负担，所以性能比较差。

2. mt.Sprintf()

```
fmt.Sprintf("%d:%s", 2018, "年")
```

内部使用 []byte 实现，不像直接使用运算符会产生很多临时的字符串，但是内部的逻辑比较复杂，有很多额外的判断，还用到了接口，所以性能一般。

3. strings.Join()

```
strings.Join([]string{"hello", "world"}, ", ")
```

Join 会先根据字符串数组的内容，计算出一个拼接之后的长度，然后申请对应大小的内存，一个一个字符串填入，在已有一个数组的情况下，这种效率会很高，但是构造一个本来没有的数据的代价也不小。

4．bytes.Buffer

```
var buffer bytes.Buffer
buffer.WriteString("hello")
buffer.WriteString(", ")
buffer.WriteString("world")

fmt.Print(buffer.String())
```

这个比较理想，可以当成可变字符使用，对内存的增长也有优化，如果能预估字符串的长度，还可以用 buffer.Grow() 接口来设置 capacity。

5．strings.Builder

```
var b1 strings.Builder
b1.WriteString("ABC")
b1.WriteString("DEF")

fmt.Print(b1.String())
```

strings.Builder 内部通过切片来保存和管理内容。切片内部则是通过一个指针指向实际保存内容的数组。strings.Builder 同样也提供了 Grow() 来支持预定义容量。当可以预定义需要使用的容量时，strings.Builder 就能避免因扩容而产生新的切片。

strings.Builder 是非线程安全的，性能和 bytes.Buffer 相差无几。

2.5.3　字符串处理

标准库中有四个包对字符串处理尤为重要：bytes、strings、strconv 和 unicode 包。

strings 包提供了许多如字符串的查询、替换、比较、截断、拆分和合并等功能。

bytes 包也提供了很多类似功能的函数，但是针对和字符串有着相同结构的[]byte 类型。因为字符串是只读的，因此逐步构建字符串会导致很多分配和复制。在这种情况下，使用 bytes.Buffer 类型将会更有效。

strconv 包提供了布尔型、整型数、浮点数和对应字符串的相互转换，还提供了双引号转义相关的转换。

unicode 包提供了 IsDigit、IsLetter、IsUpper 和 IsLower 等类似功能，用于给字符分类。

strings 包提供了很多操作字符串的简单函数，针对字符串的常见操作需求都可以在这个包中找到。下面是这个包中常用来处理字符串的函数。

判断是否以某字符串开头/结尾：

```
strings.HasPrefix(s, prefix string) bool
strings.HasSuffix(s, suffix string) bool
```

字符串分割：

```
strings.Split(s, sep string) []string
```

返回子串索引：

```
strings.Index(s, substr string) int
```

```
strings.LastIndex // 最后一个匹配索引
```

字符串连接：

```
strings.Join(a []string, sep string) string
// 也可以直接使用 "+" 来连接两个字符串
```

字符串替换：

```
strings.Replace(s, old, new string, n int) string
```

字符串大小写转换：

```
strings.ToUpper(s string) string
strings.ToLower(s string) string
```

统计某个字符在字符串中出现的次数：

```
strings.Count(s, substr string) int
```

判断字符串的包含关系：

```
strings.Contains(s, substr string) bool
```

2.6   流程控制

2.6.1   switch 语句

switch 语句提供多路执行，将表达式或类型说明符与 "switch" 内的 "case" 进行比较，以确定要执行的分支。

switch 有两种形式：表达式型 switch 和类型型 switch。在表达式型 switch 中，包含与 switch 表达式的值进行比较的表达式。在类型型 switch 中，包含与 switch 表达式的类型进行比较的类型。注意：switch 表达式在 switch 语句中只运行一次。

如果 switch 表达式求值为无类型常量，则首先将其转换为默认类型；如果是无类型的布尔值，则首先将其转换为 bool 类型。预先声明的无类型值 nil 不能用作开关表达式。

如果 switch 表达式是无类型的，则首先将其转换为 switch 表达式的类型。对于每个（可能已转换的）switch 表达式 x 和 switch 表达式的值 t，x 和 t 必须可以进行有效的比较。

换句话说，switch 表达式被视为用于声明和初始化没有显式类型的临时变量 t，它是 t 的值，对每个 switch 表达式 x 进行相等性测试。

在 switch 或 default 子句中，最后一个非空语句可以是 "fallthrough" 语句，以指示应该从该子句的末尾流向下一个子句的第一个语句，无论下一个子句的条件是否满足。出现 "fallthrough" 语句后，它后面只能接下一个子句。

```go
// GOPATH\src\go42\chapter-2\2.6\1\main.go

package main

import "fmt"

func main() {
    switch {
```

```
        case false:
                fmt.Println("false")
                fallthrough
        case true:
                fmt.Println("true")
                fallthrough
        case false:
                fmt.Println("false fallthrough")
                fallthrough
        case true:
                fmt.Println("true fallthrough")
                fallthrough
        default:
                fmt.Println("default")
        }
    }
```

程序输出：

```
true
false fallthrough
true fallthrough
default
```

表达式型 switch 有三种使用方式。第一种，switch 表达式可以执行一个简单语句完成运算从而得到表达式的值。

```
switch var1 {
    case val1:
        ...
    case val2:
        ...
    default:
        ...
}
```

例如：

```
switch tag {
    default: s3()
    case 0, 1, 2, 3: s1()
    case 4, 5, 6, 7: s2()
}
```

switch 语句的第二种形式是不提供任何被判断的值（实际上默认为判断是否为 true），然后在每个 case 分支中测试不同的条件。当任一分支的测试结果为 true 时，该分支的代码会被执行，此时语句（无表达式）相当于 switch true。

```
switch {
    case condition1:
        ...
    case condition2:
        ...
    default:
```

```
        ...
    }
```

例如：

```
switch {
case x < y: f1()
case x < z: f2()
case x == 4: f3()
}
```

switch 语句的第三种形式是包含一个初始化语句：

```
switch initialization {
    case val1:
        ...
    case val2:
        ...
    default:
        ...
}
```

例如：

```
switch x := f(); {   //   switch 无表达式意味着条件为 "true"
case x < 0: return -x
default: return x
}
```

val1 和 val2 可以是同类型的任意值。类型不局限于常量或整数，但必须是相同的类型，或者最终结果为相同类型的表达式。前花括号 { 必须和 switch 关键字在同一行。

可以同时测试多个可能符合条件的值，使用逗号分割它们，例如：case val1，val2，val3。一旦成功地匹配到某个分支，在执行完相应代码后就会退出整个 switch 代码块，也就是说，不需要特别使用 break 语句来表示结束。

如果在执行完每个分支的代码后，还希望继续执行后续分支的代码，可以使用 fallthrough 关键字来达到目的。

fallthrough 强制执行后面的下一条分支代码。fallthrough 不会判断下一条分支的表达式结果是否为真。例如：

```
// GOPATH\src\go42\chapter-2\2.6\1\main.go

package main

import "fmt"

func main() {

    switch a := 1; {
    case a == 1:
            fmt.Println("The integer was == 1")
            fallthrough
    case a == 2:
            fmt.Println("The integer was == 2")
    case a == 3:
```

```
                fmt.Println("The integer was == 3")
                fallthrough
        case a == 4:
                fmt.Println("The integer was == 4")
        case a == 5:
                fmt.Println("The integer was == 5")
                fallthrough
        default:
                fmt.Println("default case")
        }
    }
```

程序输出：

```
    The integer was == 1
    The integer was == 2
```

> 上面代码中 fallthrough 直接进入 case 2 中，不会对条件判读。

类型型 switch 比较类型而不是值。它在其他方面类似于表达式型 switch，只不过分支选择的是类型而不是值。它由一个特殊的 switch 表达式标记，该表达式使用类型断言的形式来进行动态类型判断。例如：

```
    var t interface{}
    t = functionOfSomeType()
    switch t := t.(type) {
    default:
        fmt.Printf("unexpected type %T\n", t)        // %T prints whatever type t has
    case bool:
        fmt.Printf("boolean %t\n", t)                 // t has type bool
    case int:
        fmt.Printf("integer %d\n", t)                // t has type int
    case *bool:
        fmt.Printf("pointer to boolean %t\n", *t)    // t has type *bool
    case *int:
        fmt.Printf("pointer to integer %d\n", *t)    // t has type *int
    }
```

2.6.2 select 语句

select 是 Go 语言中的一个控制结构，类似于 switch 语句，主要用于处理异步通道操作，所有情况都会涉及通信操作。因此 select 会监听分支语句中通道的读写操作，当分支中的通道读写操作为非阻塞状态（即能读写）时，将会触发相应的动作。select 语句会选择一组可以发送或接收操作中的一个分支继续执行。select 没有条件表达式，一直在等待 case 进入可运行状态。

> select 中的 case 语句必须是对通道的操作。
> select 中的 default 子句总是可运行的。

- 如果有多个分支都可以运行，select 会伪随机公平地选出一个执行，其他分支不会执行。
- 如果没有可运行的分支，且有 default 语句，那么就会执行 default 的动作。

■ 如果没有可运行的分支，且没有 default 语句，select 将阻塞，直到某个分支可以运行。

```
// GOPATH\src\go42\chapter-2\2.6\2\main.go

package main

import (
    "fmt"
    "time"
)

func main() {
    var c1, c2, c3 chan int
    var i1, i2 int
    select {
    case i1 = <-c1:
        fmt.Printf("received ", i1, " from c1\n")
    case c2 <- i2:
        fmt.Printf("sent ", i2, " to c2\n")
    case i3, ok := (<-c3):
        if ok {
            fmt.Printf("received ", i3, " from c3\n")
        } else {
            fmt.Printf("c3 is closed\n")
        }
    case <-time.After(time.Second * 3): //超时退出
        fmt.Println("request time out")
    }
}
```

程序输出：

```
request time out
```

2.6.3 for 语句

for 语句是最简单的基于计数器的循环迭代，基本形式为：

```
for  初始化语句; 条件语句; 修饰语句 {}
```

这三部分组成循环的头部，相互之间使用分号隔开，但并不需要括号将它们括起来。

还可以在循环中同时使用多个计数器：

```
for i, j := 0, N; i < j; i, j = i+1, j-1 {}
```

这得益于 Go 语言具有的平行赋值的特性。

for 结构的第二种形式是没有头部的条件判断迭代（类似其他语言中的 while 循环），基本形式为：for{}。

也可以认为这是没有初始化语句和修饰语句的 for 结构，因此 ;; 便是多余的了。

即使是条件语句也可以省略，如 i:=0; ; i++ 或 for { } 或 for ;; { }（;; 会在使用 gofmt 时移除），这些循环的本质就是无限循环。

第二种形式也可以改写为 for true { }，但一般情况下都会直接写 for { }。

如果 for 循环的头部没有条件语句，那么就会认为条件永远为 true（还记得前面 Switch 语句吗？没有表达式就认为是 true。这好像是 Go 语言处理类似情况的常用法则）。因此循环体内必须有相关的条件判断以确保会在某个时刻退出循环。例如：

```
// GOPATH\src\go42\chapter-2\2.6\3\main.go

package main

import (
    "fmt"
)

func main() {
    a := []int{1, 2, 3, 4, 5, 6}
    for i, j := 0, len(a)-1; i < j; i, j = i+1, j-1 {
        a[i], a[j] = a[j], a[i]
    }

    for j := 0; j < 5; j++ {
        for i := 0; i < 10; i++ {
            if i > 5 {
                break
            }
            fmt.Println(i)
        }
    }
}
```

2.6.4　for–range 结构

for-range 结构是 Go 语言特有的一种迭代结构，它在许多情况下都非常有用。它可以迭代任何一个集合，包括数组（array）和字典（map），同时可以获得每次迭代所对应的索引和值。一般形式为：

```
for ix, val := range coll { }
```

如果只需要 range 里的索引值，可只写 key。

```
for key := range coll { }
```

要注意的是，val 始终为集合中对应索引的值的副本，因此它一般只具有只读性质，对它所做的任何修改都不会影响到集合中原有的值（如果 val 为指针，则会产生指针的副本，依旧可以修改集合中的原值）。例如：

```
// GOPATH\src\go42\chapter-2\2.6\4\main.go

package main

import (
    "fmt"
    "time"
)

type field struct {
```

```
        name string
    }

    func (p *field) print() {
        fmt.Println(p.name)
    }

    func main() {
        data := []field{{"one"}, {"two"}, {"three"}}

        for _, v := range data {
                go v.print()
        }
        time.Sleep(3 * time.Second)
        // goroutine （可能）显示: three, three, three
    }
```

下面代码中，迭代变量 v 作为匿名 goroutine 的参数，它是值副本传递，就不会出现上面那种指针导致的值被修改的情况。例如：

```
// GOPATH\src\go42\chapter-2\2.6\5\main.go

package main

import (
    "fmt"
    "time"
)

func main() {
    data := []string{"one", "two", "three"}

    for _, v := range data {
        go func(in string) {
                fmt.Println(in)
        }(v)
    }

    time.Sleep(3 * time.Second)
    // goroutine 输出: one, two, three
}
```

一个字符串是 Unicode 编码的字符集合，因此也可以用 for-range 结构迭代字符串：

```
for pos, char := range str {
...
}
for pos, char := range "日本\x80 語" { //  这里\x80 是一个非法的 UTF-8 字符
    fmt.Printf("character %#U starts at byte position %d\n", char, pos)
}
```

程序输出：

```
character U+65E5 '日' starts at byte position 0
character U+672C '本' starts at byte position 3
character U+FFFD '�' starts at byte position 6
```

character U+8A9E '語' starts at byte position 7

2.6.5　if 语句

　　if 语句由布尔表达式后紧跟一个或多个语句组成。注意布尔表达式不用()，根据布尔表达式的值指定两个分支的条件执行。如果表达式求值为 true，则执行"if"分支，否则执行"else"分支。

```
if 布尔表达式 {
    /* 在布尔表达式为 true 时执行 */
}eles{
    /* 在布尔表达式为 false 时执行 */
}
```

　　由于 if 和 switch 都接受初始化语句，因此通常会看到用于设置局部变量的语句，而且该语句在计算表达式之前执行。例如：

```
if x := f(); x < y {
    return x
} else if x > z {
    return z
} else {
    return y
}
```

　　在 Go 语言中，当 if 语句没有进入下一个语句，即正文以 break、continue、goto 或 return 结尾时，省略不必要的 else。例如：

```
f, err := os.Open(name)
if err != nil {
    return err
}
```

2.6.6　break 语句

　　一个 break 的作用范围为该语句出现后的最内部的结构，它可以用于任何形式的 for 循环（计数器、条件判断等）。

　　但在 switch 或 select 语句中，break 语句的作用是跳过整个代码块，执行 switch 或 select 外面后续的代码。

　　语句中如果有标签（见 2.6.8 节），则必须是包含"for""switch"或"select"语句的标签，并且该标签是可以让执行终止的。例如：

```
// GOPATH\src\go42\chapter-2\2.6\6\main.go

package main

import (
    "fmt"
)

func main() {
```

```
                    fmt.Println("start")
            OuterLoop:
                for i := 0; i < 3; i++ {
                        fmt.Println("i 循环:", i)
                        for j := 0; j < 3; j++ {
                                fmt.Println("j 循环:", j)
                                switch j {
                                case 0:
                                        fmt.Println("break")
                                        break
                                case 2:
                                        fmt.Println("2 OuterLoop")
                                        break OuterLoop
                                }
                                fmt.Println("switch:", j)
                        }
                }

                fmt.Println("end")
            }
```

程序输出：

```
            start
            i 循环: 0
            j 循环: 0
            break
            switch: 0
            j 循环: 1
            switch: 1
            j 循环: 2
            2 OuterLoop
            end
```

上面的代码很好地验证了 break 的规则。首先 break 语句的作用范围为该语句出现后的最内部的结构，所以在 j=0 时，只是跳出最里层 switch，还是在 j 循环迭代中。当执行 break OuterLoop 时，会跳到 label 标签的位置。注意这时的这个 label 标签只能是前面出现过的。

2.6.7　continue 语句

关键字 continue 忽略剩余的循环体而直接进入下一次循环的过程，但不是无条件执行下一次循环，执行之前依旧需要满足循环的判断条件。

如果有一个标签，那么它必须是一个封闭的"for"语句，并且是当前执行进程的标签。例如：

```
            RowLoop:
                for y, row := range rows {
                        for x, data := range row {
                                if data == endOfRow {
                                        continue RowLoop
                                }
                                row[x] = data + bias(x, y)
                        }
                }
```

```
    }
```

2.6.8　标签

　　for、switch 或 select 语句都可以配合标签（label）形式的标识符使用，即某一行第一个以冒号（:）结尾的单词（Gofmt 会将后续代码自动移至下一行）。标签的名称是大小写敏感的，为了提升可读性，一般建议使用全部大写字母。例如：

```
ERROR: log.Panic("error encountered")
```

　　标签用于"break""continue"和"goto"语句。定义从未使用过的标签是非法的，即不能编译成功。

2.6.9　goto 语句

　　goto 语句是跳转到具有相同函数内相应标签的语句。

```
goto ERROR
```

　　Go 语言不鼓励使用标签和 goto 语句，因为它们会导致非常糟糕的程序设计，而且总有更加可读的替代方案来实现相同的需求。

　　块外的 goto 语句不能跳转到该块内的标签。如下面代码所示，由于 L1 在 for 里面，这很明显是错误的。

```go
// GOPATH\src\go42\chapter-2\2.6\7\main.go

package main

import (
    "fmt"
)

var x int = 10

func main() {

    if x%2 == 1 {
            goto L1
    }
    for x < 10 {
            x--
            fmt.Println(x)
    L1:
            x--
            fmt.Println(x)
    }

}
```

　　代码不能通过编译：

```
Error:goto L1 jumps into block starting
```

　　和 break 语句不一样，goto 语句是可以跳到后面出现的标签的，前提是满足块外的 goto 语句不能跳转到该块内的标签。例如：

```
//GOPATH\src\go42\chapter-2\2.6\8\main.go

package main

import (
    "fmt"
)

var x int = 10

func main() {
    goto TL
    fmt.Println(x)
TL:
    fmt.Println("TL")
}
```

程序输出：

```
TL
```

第3章 作　用　域

3.1　关于作用域

3.1.1　局部变量与全局变量

（1）局部变量

Go 语言中，在函数体内或代码块内声明的变量称为局部变量，它们的作用域只在代码块内，参数和返回值变量也是局部变量。

（2）全局变量

Go 语言中，在函数体外声明的变量称为全局变量，它们的作用域都是全局的（在本包范围内）。全局变量可以在整个包甚至外部包（被导出后）使用。

全局变量可以在任何函数中使用。

（3）简式变量

Go 语言中使用 := 声明的变量，一般也是局部变量，如果新局部变量 Ga 与同名已定义变量（即全局变量 Ga）不在一个作用域中，Go 语言会在此作用域新定义这个局部变量 Ga，遮盖住全局变量 Ga。Go 语言初学者刚开始很容易在此犯错，解决方法是局部变量尽量不同名。

3.1.2　显式与隐式代码块

根据 Go 语言的规范，Go 语言中的标识符作用域是基于代码块（code block）的。代码块是包裹在一对花括号{}内部的声明和语句，并且是可嵌套的，在代码中是直观的、显式的（explicit），比如：函数的函数体、for 循环的循环体等。还有隐式的（implicit）代码块。

使用最多的 if 语句类型只有 if 而没有 else 分支，如：

```
if simplestmt; expression {
    ... ...
}
```

在这种类型的 if 语句中，有两个代码块：一个隐式的代码块和一个显式的代码块。把上面的代码做一个等价变化，并加上代码块起始和结束点的标注，结果如下：

```
{ // 隐式代码块
    simplestmt
    if expression { // 显式的代码块
        ... ...
    }
}
```

下面的代码综合了几种作用域的情况，很容易混淆。请读者仔细琢磨。

```
// GOPATH\src\go42\chapter-3\3.1\1\main.go
```

```go
package main

import (
    "fmt"
)

var (
    Ga int = 99
)

const (
    v int = 199
)

func GetGa() func() int {

    if Ga := 55; Ga < 60 {
            fmt.Println("GetGa if 中：", Ga)
    }

    for Ga := 2; ; {
            fmt.Println("GetGa 循环中：", Ga)
            break
    }

    fmt.Println("GetGa 函数中：", Ga)

    return func() int {
            Ga += 1
            return Ga
    }
}

func main() {
    Ga := "string"
    fmt.Println("main 函数中：", Ga)

    b := GetGa()
    fmt.Println("main 函数中：", b(), b(), b(), b())

    v := 1
    {
            v := 2
            fmt.Println(v)
            {
                    v := 3
                    fmt.Println(v)
            }
    }
```

```
        fmt.Println(v)
    }
```

程序输出：

```
main 函数中:    string
GetGa if 中:    55
GetGa 循环中:    2
GetGa 函数中:    99
main 函数中:    100 101 102 103
2
3
1
```

Ga 作为全局变量是 int 类型，值为 99；而在 main()中，Ga 通过简式声明 := 操作，是 string 类型，值为 string。在 main()中，v 很典型地体现了在花括号中的作用域问题，每一层花括号，都是对上一层的屏蔽。闭包函数中，GetGa()返回的匿名函数赋值给 b，每次执行 b()，Ga 的值都存在内存中，下次执行 b()的时候，取 b()上次执行后 Ga 的值，而不是全局变量 Ga 的值，这就是闭包函数可以使用包含它的函数内的变量的原因，因为闭包作为代码块一直存在，所以每次执行都是在上次基础上运行。

简单总结如下：

（1）有花括号一般都存在作用域的划分。

（2）:= 简式声明会屏蔽所有上层代码块中的变量（常量），建议使用开发约定来减少变量被屏蔽的可能，如对常量使用全部大写，对局部变量涵盖命名等。

（3）在 if 等语句中存在隐式代码块，需要注意。

（4）闭包函数可以理解为一个代码块，并且可以使用包含它的函数内的变量。

> 简式声明变量只能在函数内部出现，它会覆盖函数外的同名全局变量。简式声明 := 左侧只有一个变量的情况下不能重复声明一个变量，有多个变量时是允许的，但这些变量中至少要有一个新的变量。重复声明的变量需要在同一层代码块内，否则将得到一个隐藏变量。
>
> 如果在代码块中犯了这个错误，不会出现编译错误，但应用运行结果可能不是你所期望的。所以应尽量避免和全局变量同名。

作用域问题思考：下面这段代码的运行结果是什么，你能写出来吗？

```
// GOPATH\src\go42\chapter-3\3.1\2\main.go

package main

func main() {
    if a := 1; false {
    } else if b := 2; false {
    } else if c := 3; false {
    } else {
        println(a, b, c)
    }
}
```

3.2　约定和惯例

3.2.1　可见性规则

在 Go 语言中，标识符必须以一个大写字母开头，才能被外部包的代码所使用，这称为导出。标识符如果以小写字母开头，则对包外是不可见的，但是它们在整个包的内部是可见并且可用的。

在设计 Go 语言时，设计者们也希望确保它不是过于以 ASCII 码为中心，这意味着需要从 7 位 ASCII 码的范围来扩展标识符的空间。所以 Go 语言标识符规定必须是 Unicode 定义的字母或数字，标识符是一个或多个 Unicode 字母和数字的序列，标识符中的第一个字符必须是 Unicode 字母。

这条规则还有另外一个不幸的后果。由于导出的标识符必须以大写字母开头，因此根据定义，从某些语言的字符创建的标识符不能导出。目前唯一的解决方案是使用像"A 语言"（ASCII 码开头后面接其他 Unicode 字母）这样的折中方法，但这显然不能令人满意。

总而言之，为了确保标识符能正常导出，建议在开发中还是尽量使用 ASCII 码来作为标识符。虽然设计者们避免以 ASCII 码为中心，但出于习惯，还是服从这个现实。

> 那么问题来了，使用中文命名的标识符能够正常导出吗？希望大家在了解后面的知识后，可以尝试一下。

3.2.2　命名规范以及语法惯例

当某个函数需要被外部包调用的时候需要以大写字母开头，并遵循 Pascal 命名法（"大驼峰式命名法"）；否则就遵循"小驼峰式命名法"，即第一个单词的首字母小写，其余单词的首字母大写。

单词之间不以空格断开或连接号（-）、下画线（_）连接，第一个单词首字母采用大写字母，后续单词的首字母亦用大写字母，例如：FirstName、LastName。每一个单词的首字母采用大写字母的命名格式，被称为"Pascal 命名法"，源于 Pascal 语言的命名惯例，也有人称之为"大驼峰式命名法"（Upper Camel Case），为驼峰式大小写的子集。

当两个或两个以上单词连接在一起时，用驼峰式命名法可以增加变量和函数名称的可读性。

Go 语言追求简洁的代码风格，并通过 gofmt 强制实现风格统一。

Go 语言也使用分号作为语句的结束，但一般会省略分号。像在标识符后面；整数、浮点数、复数、Rune 或字符串等字面量后面；关键字 break、continue、fallthrough 或 return 后面；操作符或标点符号++、--、)、]或}之后等都可以使用分号，但是往往会省略，LiteIDE 编辑器会在保存.go 文件时自动滤掉这些分号，所以在 Go 语言开发中一般不过多关注分号的使用。

左花括号 { 不能独占一行，这是编译器的强制规定，否则在使用 gofmt 时就会出现错误提示。右花括号 } 需要独占一行。

```
func functionName) () {
    …
}
```

```
if mod > 0 {
    div++
}
```

在定义接口名时也有惯例，一般单方法接口由方法名称加上-er 后缀来命名。

3.2.3　注释

在 Go 语言中，注释有两种形式：

（1）行注释：使用双斜线//开始，一般后面紧跟一个空格。行注释是 Go 语言中最常见的注释形式，在标准包中，一般都采用行注释，建议采用这种方式来进行注释，即使需要多行也尽量用这种方式。

（2）块注释：以/* 开头，以*/ 结尾，不能嵌套使用。块注释一般用于包描述或注释成块的代码片段。

一般而言，注释文字尽量每行长度接近一致，每行建议不超过 80 字符左右，过长的行应该强制换行。注释可以是单行或多行，甚至可以使用 doc.go 文件来专门保存包注释。每个包只需要在一个.go 文件的 package 关键字上面对包进行注释，两者之间没有空行。对变量、函数、结构体、接口等的注释直接加在声明前，注释与声明之间没有空行。例如：

```
// Copyright 2009 The Go Authors. All rights reserved.
// Use of this source code is governed by a BSD-style
// license that can be found in the LICENSE file.

//go:generate go run genzfunc.go

// Package sort provides primitives for sorting slices and user-defined
// collections.
package sort

// A type, typically a collection, that satisfies sort.Interface can be
// sorted by the routines in this package. The methods require that the
// elements of the collection be enumerated by an integer index.
type Interface interface {
    // Len is the number of elements in the collection.
    Len() int
    // Less reports whether the element with
    // index i should sort before the element with index j.
    Less(i, j int) bool
    // Swap swaps the elements with indexes i and j.
    Swap(i, j int)
}

// Insertion sort
func insertionSort(data Interface, a, b int) {
    for i := a + 1; i < b; i++ {
        for j := i; j > a && data.Less(j, j-1); j-- {
            data.Swap(j, j-1)
        }
    }
}
```

函数或方法的注释需要以函数名开始，且两者之间没有空行，示例如下：

```
// ContainsRune reports whether the rune is contained in the UTF-8-encoded byte slice b.
func ContainsRune(b []byte, r rune) bool {
    return IndexRune(b, r) >= 0
}
```

注释中需要预格式化的部分，直接加空格缩进即可，示例如下：

```
// For example, flags Ldate | Ltime (or LstdFlags) produce,
//    2009/01/23 01:23:23 message
// while flags Ldate | Ltime | Lmicroseconds | Llongfile produce,
//    2009/01/23 01:23:23.123123 /a/b/c/d.go:23: message
```

在函数、方法，结构体或者包注释前面标注"Deprecated:"表示不建议使用，示例如下：

```
// Deprecated: Old  老旧方法，不建议使用
func Old(a int)(int){
    return a
}
```

在注释中，还可以插入空行，示例如下：

```
// Search calls f(i) only for i in the range [0, n).
//
// A common use of Search is to find the index i for a value x in
// a sorted, indexable data structure such as an array or slice.
// In this case, the argument f, typically a closure, captures the value
// to be searched for, and how the data structure is indexed and
// ordered.
//
// For instance, given a slice data sorted in ascending order,
// the call Search(len(data), func(i int) bool { return data[i] >= 23 })
// returns the smallest index i such that data[i] >= 23. If the caller
// wants to find whether 23 is in the slice, it must test data[i] == 23
// separately.
```

第4章 代码结构化与项目管理

4.1 包（package）

4.1.1 包的概念

Go 语言使用包（package）来组织管理代码，包是结构化代码的一种方式。和其他语言如 Java 类似，Go 语言中包的主要作用是把功能相似或相关的代码组织在一起，以方便查找和使用。在 Go 语言中，每个.go 文件都必须归属于某一个包，每个.go 文件都可有 init()函数。包名在源文件中第一行通过关键字 package 指定，包名要小写。如下所示：

```
package fmt
```

每个目录下面可以有多个.go 文件，这些文件只能属于同一个包，否则编译时会报错。同一个包下的不同.go 文件相互之间可以直接引用变量和函数，所有这些文件中定义的全局变量和函数不能重名。

Go 语言的可执行应用程序必须有 main 包，而且在 main 包中必须且只能有一个 main()函数，main()函数是应用程序运行开始的入口。在 main 包中也可以使用 init()函数。

Go 语言不强制要求包的名称和文件所在目录名称相同，但是这两者最好保持相同，否则很容易引起歧义。因为导入包的时候，会使用目录名作为包的路径，而在代码中使用时，却要使用包的名称。

4.1.2 包的初始化

可执行应用程序的初始化和执行都起始于 main 包。如果 main 包的源代码中没有包含 main()函数，则会引发构建错误 undefined: main.main。

main()函数既没有参数，也没有返回类型，init()函数和 main()函数在这一点上一样。

如果 main 包还导入了其他的包，那么在编译时会将它们依次导入。有时一个包会被多个包同时导入，那么它只会被导入一次（例如很多包可能都会用到 fmt 包，但它只会被导入一次，因为没有必要导入多次）。

当某个包被导入时，如果该包还导入了其他的包，那么会先将其他包导入进来，再对这些包中的包级常量和变量进行初始化，接着执行 init()函数（如果有的话），依此类推。

当所有被导入的包都加载完毕，就会对 main 包中的包级常量和变量进行初始化，然后执行 main 包中的 init()函数，最后执行 main()函数。

Go 语言中 init()函数常用于包的初始化，该函数是 Go 语言的一个重要特性，有下面的特征：

- init 函数是用于程序执行前进行包的初始化的函数，例如初始化包里的变量等。
- 每个包可以拥有多个 init 函数。

- 包的每个源文件也可以拥有多个 init 函数。
- 同一个包中多个 init()函数的执行顺序不定。
- 不同包的 init()函数按照包导入的依赖关系决定该函数的执行顺序。
- init()函数不能被其他函数调用，其在 main 函数执行之前，自动被调用。

4.1.3 包的导入

一个 Go 语言程序通过导入（import）关键字将一组包链接在一起，通过导入包为程序所使用。所谓导入包即等同于包含了这个包的所有的代码对象。程序中未使用的包，并不能导入进来。

导入操作会使用目录名作为包的路径而不是包名，实际应用中一般会保持两者一致。

例如标准包中定义的 big 包：package big，导入时语句为：import "math/big"，导入时源代码在$GOROOT 目录下的 src/math/big 目录中。程序代码使用 big.Int 时，big 指的才是.go 文件中定义的包名称。

当导入多个包时，一般按照字母顺序排列包名称，像 LiteIDE 会在保存文件时自动完成这个动作。

为避免名称冲突，同一包中所有对象的标识符必须唯一。但是相同的标识符可以在不同的包中使用，因为可以使用包名来区分它们。

import 语句一般放在包名定义的下面，导入包示例如下：

```
package main

import   "context"   //加载 context 包
```

导入多个包的常见的方式是：

```
import   (
"fmt"
"net/http"
 )
```

调用导入的包函数的一般方式：

```
fmt.Println("Hello World!")
```

下面介绍三种特殊的 import 方式。

点操作的含义是某个包导入之后，在调用这个包的函数时，可以省略前缀的包名，如这里可以写成 Println("Hello World!")，而不是 fmt.Println("Hello World!")。例如：

```
import( . "fmt" )
```

别名操作就是可以把包命名成另一个容易记忆的名字。别名操作调用包函数时，前缀变成了别名，即 f.Println("Hello World!")。在实际项目中有时这样使用，但请谨慎使用，不要不加节制地采用这种形式。例如：

```
import(
        f "fmt"
)
```

_操作是引入某个包，但不直接使用包里的函数，而是调用该包里面的 init 函数，例如下面的 mysql 包的导入。此外在开发中，由于某种原因某个原来导入的包现在不再使用，也可以采用这种方式处理，例如下面 fmt 的包。代码示例如下：

```
import (
    _ "fmt"
    _ "github.com/go-sql-driver/mysql"
)
```

4.1.4　标准库

在 Go 语言的安装目录里包含标准库的各种包。在$GOROOT/src 中可以看到源码，可以根据情况自行重新编译。

下面是标准库中部分包的简单说明。可访问 https://golang.google.cn/pkg/#stdlib 了解更多详细情况。

unsafe: 包含了一些打破 Go 语言"类型安全"的命令，一般的程序中不会被使用，可用在 C/C++ 程序的调用中。

syscall-os-os/exec:

　　os: 提供给我们一个平台无关性的操作系统功能接口，采用类 UNIX 设计，隐藏了不同操作系统间的差异，让不同的文件系统和操作系统对象表现一致。

　　os/exec: 提供运行外部操作系统命令和程序的方式。

　　syscall: 底层的外部包，提供了操作系统底层调用的基本接口。

archive/tar 和 /zip-compress: 压缩(解压缩)文件功能。

fmt-io-bufio-path/filepath-flag:

　　fmt: 提供格式化输入输出功能。

　　io: 提供基本输入输出功能，大多数是围绕系统功能的封装。

　　bufio: 缓冲输入输出功能的封装。

　　path/filepath: 用来操作在当前系统中的目标文件名路径。

　　flag: 对命令行参数的操作。

strings-strconv-unicode-regexp-bytes:

　　strings: 提供对字符串的操作。

　　strconv: 提供将字符串转换为基础类型的功能。

　　unicode: 为 unicode 型的字符串提供特殊的功能。

　　regexp: 正则表达式功能。

　　bytes: 提供对字符型分片的操作。

math-math/cmath-math/big-math/rand-sort:

　　math: 基本的数学函数。

　　math/cmath: 对复数的操作。

　　math/rand: 伪随机数生成。

　　sort: 为数组排序和自定义集合。

　　math/big: 大数的实现和计算。

container-/list-ring-heap: 实现对集合的操作。

　　list: 双链表。

　　ring: 环形链表。

time-log:

　　time: 日期和时间的基本操作。

　　log: 记录程序运行时产生的日志。

encoding/JSON-encoding/xml-text/template:

　　encoding/json: 读取并解码和写入并编码 json 数据。

　　encoding/xml:简单的 XML1.0 解析器。

　　text/template:生成像 HTML 一样的数据与文本混合的数据驱动模板。

net-net/http-html:

　　net: 网络数据的基本操作。

http: 提供了一个可扩展的 HTTP 服务器和客户端，解析 HTTP 请求和回复。
html: HTML5 解析器。
runtime: Go 程序运行时的交互操作，例如垃圾回收和协程创建。
reflect: 实现通过程序运行时反射，让程序操作任意类型的变量。

4.1.5　从 GitHub 安装包

如果想安装 GitHub 上的项目到本地计算机，可打开终端执行：

go get -u github.com/ffhelicopter/tmm

现在这台计算机上的其他 Go 应用程序也可以通过导入路径"github.com/ffhelicopter/tmm" 来使用。开发中一般这样导入：

import "github.com/ffhelicopter/tmm"

Go 对包的版本管理不是很友好，至少在 go1.10 前是如此，不过现在有些第三方项目做得不错，有兴趣的读者可以了解一下（glide、godep、govendor）。Gomodules 是 1.11 版本解决"包依赖管理"的实验性技术方案，本书后面章节有详细讲解。

4.1.6　导入外部安装包

如果要在应用中使用一个或多个外部包，可以使用 go install 在本地计算机上安装它们。go install 是自动包安装工具，如需要将包安装到本地，它会从远端仓库下载包，完成检出、编译和安装。

包安装的先决条件是要自动处理包自身依赖关系，被依赖的包也会安装到子目录下。

如果想使用 https://github.com/gocolly/colly 这种托管在 Google Code、GitHub 和 Launchpad 等代码网站上的包，可以通过如下命令安装：Go install github.com/gocolly/colly。

将一个名为 github.com/gocolly/colly 的包安装在$GoPATH/pkg/ 目录下。

go install/build 用来编译包和其依赖的包。

区别：go build 只对 main 包有效，在当前目录编译生成一个可执行的二进制文件（依赖包生成的静态库文件放在$GOPATH/pkg）。

go install 一般生成静态库文件，放在$GOPATH/pkg 目录下，文件扩展名为 a。

如果为 main 包，运行 Go build 则会在$GOPATH/bin 生成一个可执行的二进制文件。

4.2　Go 项目开发与编译

4.2.1　项目结构

Go 的工程项目管理非常简单，使用目录结构和 package 名来确定工程结构和构建顺序。

环境变量 GOPATH 在项目管理中非常重要，想要构建一个项目，必须确保项目目录在 GOPATH 中。多个项目目录用分号分隔。

前面说过，GOPATH 目录下一般有三个子目录：

- src 存放源代码。
- pkg 存放编译后生成的文件。
- bin 存放编译后生成的可执行文件。

重点要关注的其实就是 src 目录中的目录结构。

为了进行一个项目，会在$GOPATH 目录下的 src 目录中，新建立一个项目的主要目录，比如作者写的一个 Web 项目《使用 Gin 快速搭建 Web 站点以及提供 RESTful 接口》。详情请访问 https://github.com/ffhelicopter/tmm。

项目主要目录"tmm"：$GOPATH/src/github.com/ffhelicopter/tmm。

在这个目录（tmm）下面还有其他目录，分别放置了其他代码，大致结构如下：

```
src/github.com/ffhelicopter/tmm
                                /api
                                /handler
                                /model
                                /task
                                /website
                                main.go
```

main.go 文件中定义了 package main。同时也在文件中导入了两个自定义包：

```
"github.com/ffhelicopter/tmm/api"
"github.com/ffhelicopter/tmm/handler"
```

上面的目录结构是一般项目的目录结构，基本上可以满足单个项目开发的需要。如果需要构建多个项目，可按照类似的结构，分别建立不同的项目目录。

运行 go install main.go 会在 GOPATH 的 bin 目录中生成可执行文件。

4.2.2　使用 Godoc

在程序中一般都会使用注释，按照一定规则，Godoc 工具会收集这些注释并产生一个技术文档。Godoc 会为每个文件生成一系列的网页。例如：

```
// GOPATH\src\go42\chapter-4\4.2\1\note.go

// Copyright 2009 The Go Authors. All rights reserved.
// Use of this source code is governed by a BSD-style
// license that can be found in the LICENSE file.

package zlib

// A Writer takes data written to it and writes the compressed
// form of that data to an underlying writer (see NewWriter).
type Writer struct {
    w              io.Writer
    level          int
    dict           []byte
    compressor     * flate.Writer
    digest         hash.Hash32
    err            error
    scratch        [4]byte
    wroteHeader bool
}

// NewWriter creates a new Writer.
```

```
// Writes to the returned Writer are compressed and written to w.
//
// It is the caller's responsibility to call Close on the WriteCloser when done.
// Writes may be buffered and not flushed until Close.
func NewWriter(w io.Writer) * Writer {
    z, _ := NewWriterLevelDict(w, DefaultCompression, nil)
    return z
}
```

访问 Godoc 文档的方法是：

命令行下进入目录并输入命令：godoc -http=:6060 -goroot="."。

然后在浏览器中打开地址：http://localhost:6060。

此时会看到本地的 Godoc 页面，从左到右一次显示出目录中的包。或者直接在浏览器中打开地址 http://localhost:6060/pkg/go42/chapter-4/4.2/1/。

效果如图 4-1 所示。

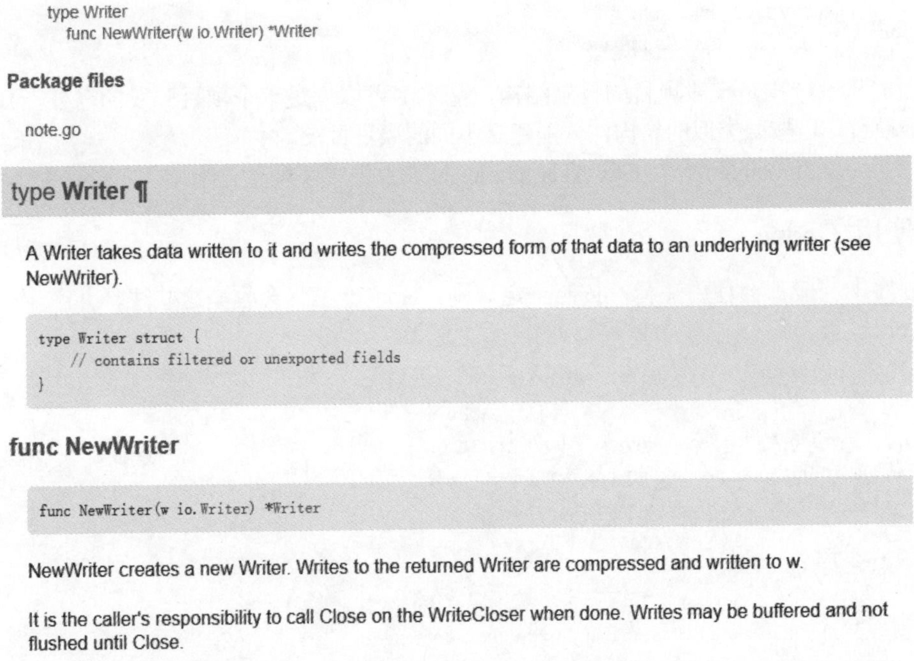

```
type Writer
    func NewWriter(w io.Writer) *Writer
```

Package files

```
note.go
```

type **Writer** ¶

A Writer takes data written to it and writes the compressed form of that data to an underlying writer (see NewWriter).

```
type Writer struct {
    // contains filtered or unexported fields
}
```

func **NewWriter**

```
func NewWriter(w io.Writer) *Writer
```

NewWriter creates a new Writer. Writes to the returned Writer are compressed and written to w.

It is the caller's responsibility to call Close on the WriteCloser when done. Writes may be buffered and not flushed until Close.

图 4-1　包文档

4.2.3　Go 程序的编译

在 Go 语言中，和编译有关的命令主要是 go run，go build，go install 这三个命令。

go run 只能作用于 main 包文件，先运行 compile 命令编译生成.a 文件，然后链接命令生成最终可执行文件并运行程序，此过程中产生的是临时文件，在 go run 退出前会删除这些临时文件（含.a 文件和可执行文件）。最后直接在命令行输出程序执行结果。go run 命令在第二次执行的时候，如果发现导入的代码包没有发生变化，则不会再次编译这个导入的代码包，而是直接进行链接生成最终可执行文件并运行程序。

go install 用于编译并安装指定的代码包及它们的依赖包，并且将编译后生成的可执行文件放到 bin 目录下（$GOPATH/bin），编译后的包文件放到当前工作区的 pkg 的平台相关目录下。

go build 用于编译指定的代码包以及它们的依赖包。如果用来编译非 main 包的源码，则只做检查性的编译，而不会输出任何结果文件。如果是一个可执行程序的源码（即 main 包），过程与 go run 大体相同，只是会在当前目录生成一个可执行文件。

使用 go build 时有一个地方需要注意，对外发布编译文件时如果不希望被人看到源代码，可使用 go build -ldflags 命令，设置编译参数-ldflags "-w -s" 再编译后发布。这样使用 gdb 调试时无法看到源代码，如图 4-2 所示。

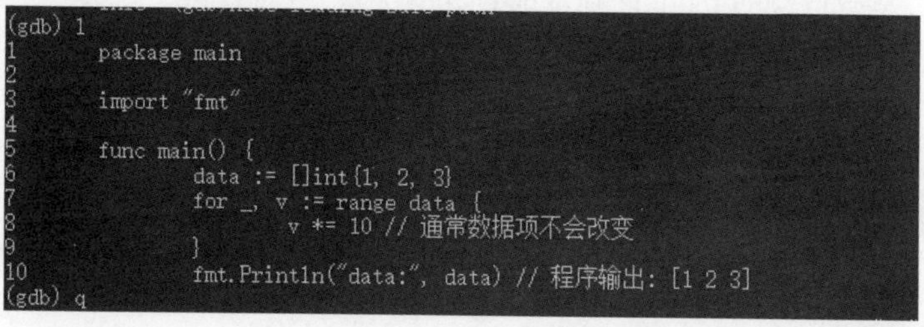

图 4-2　gdb 调试

4.2.4　Go modules 包依赖管理

Go 1.11 新增了对模块的支持，希望借此解决"包依赖管理"问题。可以通过设置环境变量 GO111MODULE 来开启或关闭模块支持，它有三个可选值：off、on、auto，默认值是 auto。

（1）GO111MODULE=off

无模块支持，go 会从 GOPATH 和 vendor 文件夹寻找包。

（2）GO111MODULE=on

模块支持，go 会忽略 GOPATH 和 vendor 文件夹，只根据 go.mod 下载依赖。

（3）GO111MODULE=auto

在 $GOPATH/src 外面且根目录有 go.mod 文件时，开启模块支持。

使用模块时，GOPATH 是无意义的，不过它还是会把下载的依赖储存在 $GOPATH/pkg/mod 中。

运行命令 go help mod，可以显示 mod 的操作子命令，主要是 init、 edit、 tidy。

```
Go mod provides access to operations on modules.

Note that support for modules is built into all the go commands,
not just 'go mod'. For example, day-to-day adding, removing, upgrading,
and downgrading of dependencies should be done using 'go get'.
See 'go help modules' for an overview of module functionality.

Usage:

        go mod <command> [arguments]

The commands are:

        download    download modules to local cache
        edit        edit go.mod from tools or scripts
```

```
        graph       print module requirement graph
        init        initialize new module in current directory
        tidy        add missing and remove unused modules
        vendor      make vendored copy of dependencies
        verify      verify dependencies have expected content
        why         explain why packages or modules are needed

    Use "go help mod <command>" for more information about a command.
```

命令含义：

download	下载依赖的 module 到本地 cache
edit	编辑 go.mod 文件
graph	打印模块依赖图
init	在当前文件夹下初始化一个新的 module，创建 go.mod 文件
tidy	增加丢失的 module，去掉未使用的 module
vendor	将依赖复制到 vendor 下
verify	校验依赖
why	解释为什么需要依赖

为了使用 modules 来管理项目，可以按以下几个步骤来操作：

（1）首先设置 GO111MODULE ，这里设置为 auto。

（2）考虑和原来 GOPATH 有所隔离，新建立一个目录 D:\gomodules 来存放 modules 管理的项目。

（3）在 D:\gomodules 下建立 ind 项目，建立对应的目录 D:\gomodules\ind。

（4）在 ind 目录中，编写该项目的主要文件 main.go，如下所示：

```go
// ind\main.go

package main

import (
    "fmt"
    "github.com/gocolly/colly"
)

func main() {
    c := colly.NewCollector()
    // Find and visit all links
    c.OnHTML("a[href]", func(e *colly.HTMLElement) {
        e.Request.Visit(e.Attr("href"))
    })

    c.OnRequest(func(r *colly.Request) {
        fmt.Println("Visiting", r.URL)
    })
    c.Visit("http://go-colly.org/")
}
```

初次使用 modules 包管理某个项目依赖时需要运行 init 命令初始化：

D:\gomodules\ind>go mod init ind

go: creating new go.mod: module ind

可以在 ind 目录中看到新生成了一个文件 go.mod ，这个 modules 名字叫 ind。

接下来运行 go mod tidy 命令，发现如图 4-3 一样出现报错，这主要是网络原因导致不能正常访问 golang.org/x 下的包。可以使用 replace 命令来解决这个问题，如果是其他厂商的依赖包，还是应优先解决网络问题。

图 4-3　go mod tidy 命令

当访问 golang.org/x 某个包异常时会有对应的错误信息，而且错误信息中有该包的版本号。由于 golang.org/x 中的所有包在 github.com/golang 也有一份，并且一般访问 github.com/golang 是正常的，所以这时使用 replace 命令将 github.com/golang 代替 golang.org/x，保持两边版本信息一致。如：

    D:\gomodules\ind>go mod edit -replace=golang.org/x/net@v0.0.0-20181114220301-adae6a3d119a=github.com/golang/net@v0.0.0-20181114220301-adae6a3d119a

重新运行 go mod tidy，发现 net 这个包已经成功下载了。这种方法一次只能解决一个包的问题。所以需要重复运行 go mod tidy，如果出错了就按照上面的方法继续使用 replace，直到能正常运行 go mod tidy 命令。

replace 命令中的=golang.org/x/net@v 是指旧版本，也是指需要替换的目标版本，后面的=github.com/golang/net@v 才是新版本，也是包的来源：

    go mod edit -replace=old[@v]=new[@v]

当 go mod tidy 命令成功运行后，可以看到在 ind 目录下面多了两个文件，分别是 go.mod 和 go.sum。

go.mod 文件如下所示：

    // go.mod 文件

    module ind

    replace (
        golang.org/x/net v0.0.0-20180218175443-cbe0f9307d01 => github.com/golang/net v0.0.0-20180218175443-cbe0f9307d01

```
        golang.org/x/net v0.0.0-20181114220301-adae6a3d119a => github.com/golang/net v0.0.0-20181114220301-
adae6a3d119a
    )

    require (
        github.com/PuerkitoBio/goquery v1.5.0 // indirect
        github.com/antchfx/htmlquery v0.0.0-20181207070731-9784ecda34b7 // indirect
        github.com/antchfx/xmlquery v0.0.0-20181204011708-431a9e9e7c44 // indirect
        github.com/antchfx/xpath v0.0.0-20181208024549-4bbdf6db12aa // indirect
        github.com/gobwas/glob v0.2.3 // indirect
        github.com/gocolly/colly v1.1.0
        github.com/kennygrant/sanitize v1.2.4 // indirect
        github.com/saintfish/chardet v0.0.0-20120816061221-3af4cd4741ca // indirect
        github.com/temoto/robotstxt v0.0.0-20180810133444-97ee4a9ee6ea // indirect
    )
```

go.mod 文件是可以通过 require、replace 和 exclude 语句使用的精确软件包集。

（1）require 语句指定依赖项模块。

（2）replace 语句可以替换依赖项模块。

（3）exclude 语句可以忽略依赖项模块。

go.sum 文件如下所示：

```
// go.sum 文件

github.com/PuerkitoBio/goquery v1.5.0 h1:uGvmFXOA73IKluu/F84Xd1tt/z07GYm8X49XKHP7EJk=
github.com/PuerkitoBio/goquery v1.5.0/go.mod h1:qD2PgZ9lccMbQlc7eEOjaeRlFQON7xY8kdmcsrnKqMg=
github.com/andybalholm/cascadia v1.0.0 h1:hOCXnnZ5A+3eVDX8pvgl4kofXv2ELss0bKcqRySc45o=
github.com/andybalholm/cascadia v1.0.0/go.mod h1:GsXiBklL0woXo1j/WYWtSYYC4ouU9PqHO0sqidk-
EA4Y=
github.com/antchfx/htmlquery v0.0.0-20181207070731-9784ecda34b7 h1:w7OFcAjjWOJ/Fp9/dlvikG46C-
44FV/B8G42Tj+KlFUk=
github.com/antchfx/htmlquery v0.0.0-20181207070731-9784ecda34b7/go.mod h1:MS9yksVSQXls00iXkiM-
qXr0J+umL/AmxXKuP28SUJM8=
github.com/antchfx/xmlquery v0.0.0-20181204011708-431a9e9e7c44 h1:utJNS82e0x9ZhwWvitDlUv2+0H-
gGYfyrSKX9hDf0uW0=
github.com/antchfx/xmlquery v0.0.0-20181204011708-431a9e9e7c44/go.mod h1:/+CnyD/DzHRnv2eRxrVbi-
eRU/FIF6N0C+7oTtyUtCKk=
github.com/antchfx/xpath v0.0.0-20181208024549-4bbdf6db12aa h1:lL66YnJWy1tHlhjSx8fXnpgmv8kQVY-
nI4ilbYpNB6Zs=
github.com/antchfx/xpath v0.0.0-20181208024549-4bbdf6db12aa/go.mod h1:Yee4kTMuNiPYJ7nSNorELQ-
Mr1J33uOpXDMByNYhvtNk=
github.com/gobwas/glob v0.2.3 h1:A4xDbljILXROh+kObIiy5kIaPYD8e96x1tgBhUI5J+Y=
github.com/gobwas/glob v0.2.3/go.mod h1:d3Ez4x06l9bZtSvzIay5+Yzi0fmZzPgnTbPcKjJAkT8=
github.com/gocolly/colly v1.1.0 h1:B1M8NzjFpuhagut8f2ILUDlWMag+nTx+PWEmPy7RhrE=
github.com/gocolly/colly v1.1.0/go.mod h1:Hof5T3ZswNVsOHYmba1u03W65HDWgpV5HifSuueE0EA=
github.com/golang/net v0.0.0-20180218175443-cbe0f9307d01/go.mod h1:98y8FxUyMjTdJ5eOj/8vzuiVO14/
dkJ98NYhEPG8QGY=
github.com/golang/net v0.0.0-20181114220301-adae6a3d119a/go.mod h1:98y8FxUyMjTdJ5eOj/8vzuiVO14/
dkJ98NYhEPG8QGY=
github.com/kennygrant/sanitize v1.2.4 h1:gN25/otpP5vAsO2djbMhF/LQX6R7+O1TB4yv8NzpJ3o=
github.com/kennygrant/sanitize v1.2.4/go.mod h1:LGsjYYtgxbetdg5owWB2mpgUL6e2nfw2eObZ0u0qvak=
```

```
        github.com/saintfish/chardet v0.0.0-20120816061221-3af4cd4741ca h1:NugYot0LIVPxTvN8n+Kvkn6TrbM-
yxQiuvKdEwFdR9vI=
        github.com/saintfish/chardet v0.0.0-20120816061221-3af4cd4741ca/go.mod h1:uugorj2VCxiV1x+LzaIdVa9-
b4S4qGAcH6cbhh4qVxOU=
        github.com/temoto/robotstxt v0.0.0-20180810133444-97ee4a9ee6ea h1:hH8P1IiDpzRU6ZDbDh/RDnVuezi-
2oOXJpApa06M0zyI=
        github.com/temoto/robotstxt v0.0.0-20180810133444-97ee4a9ee6ea/go.mod h1:aOux3gHPCftJ3KHq6Pz/Al-
DjYJ7Y+yKfm1gU/3B0u04=
```

打开目录 $GOPATH/pkg/mod，可以看到这个项目下的依赖包都下载过来了。

第 5 章 复合数据类型

5.1 数组（array）

5.1.1 数组定义

数组是具有相同唯一类型的一组已编号且长度固定的数据项序列（这是一种同构的数据结构）。这种类型可以是任意的基础类型，例如整型、字符串或者自定义类型。数组长度必须是一个常量表达式，并且是一个非负整数。

数组长度也是数组类型的一部分，所以[5]int 和[10]int 是属于不同类型的。

注意：如果想让数组元素类型为任意类型，可以使用空接口 interface{}作为类型。但使用值时，必须先做一个类型判断。

5.1.2 数组声明与使用

在 Go 语言中，可以定义一维数组或者多维数组。

一维数组声明以及初始化常见方式如下：

```
var arrAge   = [5]int{18, 20, 15, 22, 16}
var arrName = [5]string{3: "Chris", 4: "Ron"} //指定索引位置初始化
// {"","","","Chris","Ron"}
var arrCount = [4]int{500, 2: 100} //指定索引位置初始化  {500,0,100,0}
var arrLazy = [...]int{5, 6, 7, 8, 22} //数组长度初始化时根据元素多少确定
var arrPack = [...]int{10, 5: 100} //指定索引位置初始化，数组长度与此有关  {10,0,0,0,0,100}
var arrRoom [20]int
var arrBed = new([20]int)
```

数组在声明时需要确定长度，但是也可以采用上面不定长数组的方式声明，程序在初始化时会自动确定数组的长度。上面 arrPack 声明中 len(arrPack) 结果为 6 ，表明初始化时已经确定了数组长度。而 arrRoom 和 arrBed 这两个数组的所有元素这时都为 0，这是因为它们的每个元素都是一个整型值，当声明数组时所有的元素都会被自动初始化为默认值 0。

Go 语言中的数组是一种值类型（不像 C/C++ 中是指向首元素的指针），所以可以通过 new() 来创建。

```
var arr1 = new([5]int)
```

那么这种方式和 var arr2 [5]int 的区别是什么呢？arr1 的类型是 *[5]int，而 arr2 的类型是 [5]int。在 Go 语言中，数组的长度都算在类型里。例如：

```
// GOPATH\src\go42\chapter-5\5.2\1\main.go

package main
```

```
import (
    "fmt"
)

func main() {

    var arr1 = new([5]int)
    arr := arr1
    arr1[2] = 100
    fmt.Println(arr1[2], arr[2])

    var arr2 [5]int
    newarr := arr2
    arr2[2] = 100
    fmt.Println(arr2[2], newarr[2])
}
```

程序输出：

```
100 100
100 0
```

从上面代码结果可以看到，new([5]int)创建的是数组指针，arr 其实和 arr1 指向同一地址，因而修改 arr1 时 arr 同样也生效。而 newarr 是 arr2 的副本，因此修改任何一个的值都不会改变另一个的值。在写函数或方法时，如果参数是数组，需要注意参数长度不能过大。

由于把一个大数组传递给函数会消耗很多内存（值传递），在实际中有两种方法可以避免这种现象。

- 传递数组的指针
- 使用切片

通常使用切片是第一选择，有关切片的使用，请看后面有关章节。

Go 语言也支持多维数组，例如：

```
[...][5]int{ {10, 20}, {30, 40} }        // len() 长度根据实际初始化时数据的长度来定，这里为 2
[3][5]int                                // len() 长度为 3
[2][2][2]float64                         // 可以这样理解 [2]([2]([2]float64))
```

在定义多维数组时，仅第一维允许使用"…"，而内置函数 len()和 cap()也都返回第一维度长度。定义数组时使用"…"表示不定长度，初始化时根据实际长度来确定数组的长度。

```
b := [...][5]int{{10, 20}, {30, 40, 50, 60}}

fmt.Println(b[1][3], len(b)) //60 2
```

数组元素可以通过索引（下标）来读取或者修改，索引从 0 开始，第一个元素索引为 0，第二个元素索引为 1，以此类推（数组以 0 开始在所有类 C 语言中是相似的）。元素的数目也称为长度或者数组大小，必须是固定的，并且在声明该数组时就给出（编译时需要知道数组长度以便分配内存）；数组大小最大为 2GB。

遍历数组的方法既可以用 for 条件循环，也可以使用 for-range。这两种 for 结构对于切片来说也同样适用。例如：

```
var arrAge = [5]int{18, 20, 15, 22, 16}
    for i, v := range arrAge {
```

```
            fmt.Printf("%d 的年龄:   %d\n", i, v)
        }

    // 0 的年龄:   18
    // 1 的年龄:   20
    // 2 的年龄:   15
    // 3 的年龄:   22
    // 4 的年龄:   16
```

多维数组的遍历需要使用多层的循环嵌套，这里就不举例了。

另外，若数组元素类型支持"=="或"!="操作符，那么数组也支持此操作，但如果数组类型不一样则不支持（需要长度和数据类型一致，否则编译不通过）。如：

```
    var arrRoom [20]int
    var arrBed [20]int

    println(arrRoom == arrBed) //true
```

5.2 切片（slice）

5.2.1 切片介绍

切片（slice）是对底层数组一个连续片段的引用（该数组称为相关数组，通常是匿名的），所以切片是一个引用类型（和数组不一样）。切片提供对该数组中编号的元素序列的访问。切片类型表示其元素类型的所有数组切片的集合。未初始化切片的值为 nil。

与数组一样，切片是可索引的并且具有长度。切片 s 的长度可以通过内置函数 len() 获取。与数组不同，切片的长度可能在执行期间发生变化。元素可以通过整数索引 0 到 len(s)-1 来寻址。可以把切片看成是一个长度可变的数组。

切片提供了计算容量的函数 cap()，可以计算切片最大长度。切片的长度永远不会超过它的容量，所以对于切片 s 来说，0≤len(s)≤cap(s)这个不等式永远成立。

一旦初始化，切片始终与保存其元素的基础数组相关联。因此，切片会和与其拥有同一基础数组的其他切片共享存储；相比之下，不同的数组总是拥有不同的存储。

使用内置函数 make()可以给切片初始化，该函数指定切片类型、长度和可选容量的参数。

因为切片是引用，所以它们不需要使用额外的内存，并且比使用数组更高效，因此在 Go 语言中切片比数组更常用。

声明切片的格式是 var identifier []type（不需要说明长度）。一个切片在未初始化之前默认为 nil，长度为 0。

切片的初始化格式是：

```
    var slice1 []type = arr1[start:end]
```

这表示 slice1 是由数组 arr1 从 start 索引到 end-1 索引之间的元素构成的子集（切分数组，start:end 称为 slice 表达式）。

切片也可以用类似数组的方式初始化：

```
    var x = []int{2, 3, 5, 7, 11}
```

这样就创建了一个长度为 5 的切片。

也可以使用 make() 函数来创建一个切片：

```
var slice1 []type = make([]type, len,cap)
```

也可以简写为 slice1 := make([]type, len)，这里 len 是数组的长度并且也是 slice 的初始长度。cap 是容量，是个可选参数。例如：

```
v := make([]int, 10, 50)
```

这样分配一个有 50 个 int 值的数组，并且创建一个长度为 10，容量为 50 的切片 v，该切片指向数组的前 10 个元素。

以上列举了三种切片初始化方式，这三种方式都比较常用。

如果从数组或者切片中生成一个新的切片，可以使用下面的表达式：

a[low : high : max]

max-low 的结果表示容量，high-low 的结果表示长度。例如：

```
a := [5]int{1, 2, 3, 4, 5}
t := a[1:3:5]
```

这里 t 的容量（capacity）是 5-1=4 ，长度是 2。

如果切片取值时索引值大于长度会导致异常发生，即使容量远远大于长度也没有用，如下面代码所示：

```go
// GOPATH\src\go42\chapter-5\5.2\2\main.go

package main

import "fmt"

func main() {
    sli := make([]int, 5, 10)
    fmt.Printf("切片 sli 长度和容量：%d, %d\n", len(sli), cap(sli))
    fmt.Println(sli)
    newsli := sli[:cap(sli)]
    fmt.Println(newsli)

    var x = []int{2, 3, 5, 7, 11}
    fmt.Printf("切片 x 长度和容量：%d, %d\n", len(x), cap(x))

    a := [5]int{1, 2, 3, 4, 5}
    t := a[1:3:5] // a[low : high : max]  max-low 的结果表示容量  high-low 为长度
    fmt.Printf("切片 t 长度和容量：%d, %d\n", len(t), cap(t))

    // fmt.Println(t[2]) // panic ，索引不能超过切片的长度
}
```

程序输出：

```
切片 sli 长度和容量：5, 10
[0 0 0 0 0]
[0 0 0 0 0 0 0 0 0 0]
切片 x 长度和容量：5, 5
切片 t 长度和容量：2, 4
```

5.2.2　切片重组（reslice）

```
slice1 := make([]type, length, capacity)
```

通过改变切片长度得到新切片的过程称为切片重组（reslicing），做法如下：slice1 = slice1[0:end]，其中 end 是新的末尾索引（即长度）。

在一个切片基础上重新划分一个切片时，新的切片会继续引用原有切片的相关数组。如果忘了这个行为的话，在程序内分配占用大量内存的临时切片，然后在这个临时切片基础上创建只引用一小部分原有数据的新切片时，会导致难以预期的内存使用结果。例如：

```
// GOPATH\src\go42\chapter-5\5.2\3\main.go

package main

import "fmt"

func get() []byte {
    raw := make([]byte, 10000)
    fmt.Println(len(raw), cap(raw), &raw[0]) // 显示: 10000 10000 数组首字节地址
    return raw[:3]   // 10000 个字节实际只需要引用 3 个，其他空间浪费
}

func main() {
    data := get()
    fmt.Println(len(data), cap(data), &data[0]) // 显示: 3 10000 数组首字节地址
}
```

为了避免这个陷阱，需要在临时的切片中使用内置函数 copy()，复制数据（而不是重新引用划分切片）到新切片。例如：

```
// GOPATH\src\go42\chapter-5\5.2\4\main.go

package main

import "fmt"

func get() []byte {
    raw := make([]byte, 10000)
    fmt.Println(len(raw), cap(raw), &raw[0]) // 显示: 10000 10000 数组首字节地址
    res := make([]byte, 3)
    copy(res, raw[:3]) // 利用 copy 函数复制，raw 可被 GC 释放
    return res
}

func main() {
    data := get()
    fmt.Println(len(data), cap(data), &data[0]) // 显示: 3 3 数组首字节地址
}
```

程序输出：

```
10000 10000 0xc000086000
3 3 0xc000050098
```

当需要向切片末尾追加数据时，可以使用内置函数 append()：

```
func append(s S, x ...T) S    // T 是 S 元素类型
```

append()函数将 0 个或多个具有相同类型 S 的元素追加到切片 s 后面并且返回新的切片；追加的元素必须和原切片的元素同类型。如果 s 的容量不足以存储新增元素，append 会分配新的切片来保证已有切片元素和新增元素的存储。

因此，append()函数返回的切片可能已经指向一个不同的相关数组了。append()函数总是返回成功，除非系统内存耗尽了。

```
s0 := []int{0, 0}
s1 := append(s0, 2)            // append 单个元素          s1 == []int{0, 0, 2}
s2 := append(s1, 3, 5, 7)      // append 多个元素          s2 == []int{0, 0, 2, 3, 5, 7}
s3 := append(s2, s0...)        // append 一个切片          s3 == []int{0, 0, 2, 3, 5, 7, 0, 0}
s4 := append(s3[3:6], s3[2:]...)  // append 切片片段       s4 == []int{3, 5, 7, 2, 3, 5, 7, 0, 0}
```

append()函数操作如果导致分配新的切片来保证已有切片元素和新增元素的存储，也就是返回的切片可能已经指向一个不同的相关数组了，那么新的切片已经和原来的切片没有任何关系，即使修改了数据也不会同步。

append()函数操作后，有没有生成新的切片需要看原有切片的容量是否足够。

5.2.3　陈旧的切片（Stale Slices）

多个切片可以引用同一个底层相关数组。某些情况下，在一个切片中添加新的数据，在原有数组无法保持更多新的数据时，将导致分配一个新的数组。而其他的切片还指向老的数组（和老的数据）。

上一小节曾说过，append()函数操作后，有没有生成新的切片需要看原有切片的容量是否足够。下面看看这个过程是怎么产生的。

```go
// GOPATH\src\go42\chapter-5\5.2\5\main.go

package main

import "fmt"

func main() {
    s1 := []int{1, 2, 3}
    fmt.Println(len(s1), cap(s1), s1) // 输出 3 3 [1 2 3]
    s2 := s1[1:]
    fmt.Println(len(s2), cap(s2), s2) // 输出 2 2 [2 3]
    for i := range s2 {
        s2[i] += 20
    }
    // s2 的修改会影响到数组数据，s1 输出新数据
    fmt.Println(s1) // 输出  [1 22 23]
    fmt.Println(s2) // 输出  [22 23]

    s2 = append(s2, 4) // append   s2 容量为 2，这个操作导致了 slice s2 扩容，会生成新的底层数组。

    for i := range s2 {
        s2[i] += 10
```

```
        }
        // s1 的数据现在是老数据，而 s2 扩容了，复制数据到新数组，它们的底层数组已经不是同一个了。
        fmt.Println(len(s1), cap(s1), s1) // 输出 3 3 [1 22 23]
        fmt.Println(len(s2), cap(s2), s2) // 输出 3 4 [32 33 14]
    }
```

程序输出：

```
3 3 [1 2 3]
2 2 [2 3]
[1 22 23]
[22 23]
3 3 [1 22 23]
3 4 [32 33 14]
```

5.3 字典（map）

5.3.1 字典介绍

字典（map）是一种键-值对的无序集合，一组称为值元素 value，另一组称为唯一键索引 key。未初始化字典的值为 nil。字典是引用类型，可以使用如下声明：

```
var map1 map[keytype]valuetype
```

[keytype] 和 valuetype 之间允许有空格，但是 Gofmt 移除了空格。

在声明的时候不需要知道字典的长度，字典是可以动态增长的。

key 可以是任意能使用 == 或者 != 操作符比较的类型，比如 string、int、float。所以数组、函数、字典、切片和结构体不能作为 key（含有数组切片的结构体不能作为 key，只包含内建类型的 struct 是可以作为 key 的），但是指针和接口类型可以。

value 可以是任意类型的，通过使用空接口类型，可以存储任意值，但是使用这种类型作为值时需要先做一次类型断言。

字典传递给函数的代价很小，虽然通过 key 在字典中查找值很快，但是仍然比从数组和切片的索引中直接读取要慢。一般建议使用切片。

字典可以用 {key1: val1, key2: val2} 的描述方法来初始化，就像数组和结构体一样。

字典是引用类型的，内存用 make 方法来分配。字典的初始化如下：

```
var map1 = make(map[keytype]valuetype)
```

和数组不同，字典可以根据新增的键-值对动态地伸缩，因此它不存在固定长度或者最大限制。也可以选择标明 map 的初始容量 capacity，就像这样：make(map[keytype]valuetype, cap)。例如：

```
map2 := make(map[string]float32, 100)
```

当字典增长到容量上限的时候，如果再增加新的键-值对，字典的大小会自动加 1。所以出于性能的考虑，对于大的字典或者会快速扩张的字典，即使只是大概知道容量，也最好先标明。

在一个 nil 的切片中添加元素是没问题的，但对一个字典做同样的事将会生成一个运行时的异常。例如：

```
// 可正常运行：
package main
func main() {
    var s []int
    s = append(s, 1)
}

// 会发生异常：
package main
func main() {
    var m map[string]int
    m["one"] = 1 // 异常
}
```

可以通过 val1 = map1[key1] 的方法获取 key1 对应的值 val1。

一般判断某个 key 是否存在，不使用值判断，而使用下面的方式。

```
if _, ok := x["two"]; !ok {
        fmt.Println("no entry")
    }
```

这里有一些定义字典的例子：

```
// 指定容量
map1 := make(map[string]string, 5)

map2 := make(map[string]string)

// 创建并初始化一个空的字典，这时没有任何元素
map3 := map[string]string{}

// 字典中有三个值
map4 := map[string]string{"a": "1", "b": "2", "c": "3"}
```

从 map1 中删除 key1，直接用 delete(map1, key1) 就可以。如果 key1 不存在，该操作不会产生错误。

```
delete(map4, "a")
```

字典默认是无序的，无论是按照 key 还是 value 默认都不排序。如果想为字典排序，需要将 key（或者 value）复制到一个切片，再对切片排序（使用 sort 包）。

5.3.2　range 语句中的值

在 range 语句中生成的数据的值是真实集合元素的副本，它们不是原有元素的引用。这意味着更新这些值将不会修改原来的数据，同时也意味着使用这些值的地址将不会得到原有数据的指针。例如：

```
// GOPATH\src\go42\chapter-5\5.3\1\main.go

package main
import "fmt"
func main() {
```

```
        data := []int{1, 2, 3}
        for _, v := range data {
            v *= 10 // 通常数据项不会改变
        }
        fmt.Println("data:", data)
    }
```

程序输出：

```
    data: [1 2 3]
```

如果需要更新原有集合中的数据，可使用索引操作符来获得数据。例如：

```
// GOPATH\src\go42\chapter-5\5.3\2\main.go

package main
import "fmt"
func main() {
    data := []int{1, 2, 3}
    for i, _ := range data {
        data[i] *= 10
    }

    fmt.Println("data:", data)
}
```

程序输出：

```
    data: [10 20 30]
```

第6章 type 关键字

type 关键字在 Go 语言中很重要，例如定义结构体、接口、类型别名等，还可以自定义类型。自定义类型由一组值以及作用于这些值的方法组成，类型一般有类型名称，往往从现有类型组合通过 type 关键字构造出一个新的类型。

6.1 type 自定义类型

在 Go 语言中，基础数据类型见表 6-1。

表 6-1 基础数据类型

bool	byte	complex64	complex128	error	float32	float64
int	int8	int16	int32	int64	rune	string
uint	uint8	uint16	uint32	uint64	uintptr	

使用 type 关键字可以定义自己的类型，如可以使用 type 定义一个新的结构体，但也可以把一个已经存在的类型作为基础类型而定义新类型，然后就可以在代码中使用新的类型名字，这称为自定义类型。例如：

```
type IZ int
```

IZ 完全是一种新类型，然后可以使用下面的方式声明变量。

```
var a IZ = 5
```

可以看到 int 是变量 a 的底层类型，这也使得它们之间存在相互转换的可能。

如果有多个类型需要定义，可以使用如下方式：

```
type (
    IZ int
    FZ float64
    STR string
)
```

在 type IZ int 中，IZ 就是在 int 类型基础上构建的新名称，这称为自定义类型。然后就可以使用 IZ 来操作 int 类型的数据。使用这种方法定义之后的类型可以拥有更多的特性，但是在类型转换时必须显式转换。

每个值都必须在经过编译后属于某个类型（编译器必须能够推断出所有值的类型），因为 Go 语言是一种静态类型语言。在必要以及可行的情况下，一种类型的值可以被转换成另一种类型的值。由于 Go 语言不存在隐式类型转换，因此所有的转换都必须显式说明，就像调用一个函数一样（类型在这里的作用可以看作是一种函数）。例如：

```
valueOfTypeB = typeB(valueOfTypeA)
```

类型 B 的值 = 类型 B(类型 A 的值)

type TZ int 中，新类型 TZ 不会拥有原基础类型所附带的方法，如下面代码所示。

```
// GOPATH\src\go42\chapter-6\6.1\1\main.go

package main

import (
    "fmt"
)

type A struct {
    Face int
}
type Aa A // 自定义新类型 Aa，没有基础类型 A 的方法

func (a A) f() {
    fmt.Println("hi ", a.Face)
}

func main() {
    var s A = A{Face: 9}
    s.f()

    var sa Aa = Aa{Face: 9}
    sa.f()
}
```

编译错误信息:

```
sa.f undefined (type Aa has no field or method f)
```

通过 type 关键字在原有类型基础上构造出一个新类型，需要针对新类型来重新创建新方法。

6.2 type 定义类型别名

类型别名在 Go1.9 版本中实现，可将别名类型和原类型这两个类型视为完全一致，下面这种写法其实是定义了 int 类型的别名:

```
type IZ = int
```

而 type IZ int 其实是定义了新类型，这和类型别名完全不是一个含义。自定义类型不会拥有原类型附带的方法，而别名拥有原类型附带的方法。下面举两个例子。

如果是类型别名，则完整拥有原类型的方法，如下所示。

```
// GOPATH\src\go42\chapter-6\6.2\1\main.go

package main

import (
    "fmt"
)
```

```
type A struct {
    Face int
}
type Aa=A // 类型别名

func (a A) f() {
    fmt.Println("hi ", a.Face)
}

func main() {
    var s A = A{Face: 9}
    s.f()

    var sa Aa = Aa{Face: 9}
    sa.f()
}
```

程序输出：

```
hi  9
hi  9
```

结构化的类型没有真正的值，它使用 nil 作为默认值（在 Objective-C 中是 nil，在 Java 中是 null，在 C 和 C++ 中是 NULL 或 0）。值得注意的是，Go 语言中不存在类型继承。

函数也是一个确定的类型，就是以函数签名作为类型。这种类型的定义如下：

```
type    typeFunc func ( int, int) int
```

可以在函数体中的某处返回使用类型为 typeFunc 的变量 varfunc：

```
return varfunc
```

自定义类型不会继承原有类型的方法，但接口方法或组合类型的内嵌元素则保留原有的方法。例如：

```
// Mutex 用两种方法，Lock 和 Unlock。
type Mutex struct            { /* Mutex fields */ }
func (m *Mutex) Lock()       { /* Lock implementation */ }
func (m *Mutex) Unlock()     { /* Unlock implementation */ }

// NewMutex 和 Mutex 的数据结构一样，但是其方法是空的
type NewMutex Mutex

// PtrMutex 的方法也是空的
type PtrMutex *Mutex

// *PrintableMutex 拥有 Lock 和 Unlock 方法
type PrintableMutex struct {
    Mutex
}
```

第 7 章   错误处理与 defer

7.1   错误处理

7.1.1   错误类型（error）

error 在 Go 语言中是基础类型，下面的代码是 error 在 Go 语言中的定义。这段代码定义了一个接口，只要实现了这个接口就是 error 类型了。

```
type error interface {
    Error() string
}
```

标准库的 errors 包中实现了这个接口，任何时候，当需要一个错误类型对象时，都可以用errors（必须先 import）包的 errors.New 方法接收合适的错误信息来创建，例如：

```
// Never printed, just needs to be non-nil for return by atoi.
var atoiError = errors.New("time: invalid number")

// Duplicates functionality in strconv, but avoids dependency.
func atoi(s string) (x int, err error) {
    neg := false
    if s != ""&& (s[0] == '-' || s[0] == '+') {
        neg = s[0] == '-'
        s = s[1:]
    }
    q, rem, err := leadingInt(s)
    x = int(q)
    if err != nil || rem != "" {
        return 0, atoiError
    }
    if neg {
        x = -x
    }
    return x, nil
}
```

可以用 fmt 创建错误对象。想要返回包含错误参数的更有信息量的字符串时，可以用fmt.Errorf() 来实现，它和 fmt.Printf() 完全一样，接收有一个或多个格式占位符的格式化字符串和相应数量的占位变量。和打印信息不同的是，它用这些格式化字符串信息生成错误对象。例如：

```
if f < 0 {
    return 0, fmt.Errorf("square root of negative number %g", f)
}
```

7.1.2   panic

在 Go 语言中，执行错误（例如尝试超出数组范围的索引）会触发运行时异常，即 panic，相当于使用实现了接口类型 runtime.Error 调用内置函数 panic()。运行时异常用来表示非常严重的不可恢复的错误。写法如下：

```
func panic(interface{})
```

必须先声明 defer，才能在 defer 修饰的函数中捕获到（recover）异常。普通函数在执行的时候发生了运行时异常，则运行 defer（如有），defer 处理完后再返回。

在多层嵌套的函数调用中调用异常，可以马上中止当前函数的执行，defer 语句保证执行并把控制权交还给接收到异常的函数调用者。这样向上冒泡直到最顶层，并执行（每层的）defer，在栈顶程序崩溃，并在命令行中用运行时异常的值报告异常情况。这个终止过程就是panicking。

一般不要随意用 panic() 来中止程序，必须尽力补救异常和错误以便让程序能继续执行。

在自定义包中需要做好错误处理和异常处理，这是所有自定义包都应该遵守的规则。

（1）在包内部，应该用 recover() 对运行时异常进行捕获。

（2）向包的调用者返回错误值（而不是直接发出异常）。

recover() 的调用仅当它在 defer 修饰的函数中被直接调用时才有效。

下面的程序通过 recover() 函数捕获了两种异常：一种是内部严重错误导致的异常，另一种是程序主动发出的异常。

```go
// GOPATH\src\go42\chapter-7\7.1\1\main.go

package main

import (
    "fmt"
)

func div(a, b int) {

    defer func() {

            if r := recover(); r != nil {
                    fmt.Printf("捕获到错误：%s\n", r)
            }
    }()

    if b < 0 {

            panic("除数需要大于 0")
    }

    fmt.Println("余数为：", a/b)

}

func main() {
    // 捕捉内部的 panic 错误
    div(10, 0)

    // 捕捉主动 panic 的错误
```

```
        div(10, -1)
    }
```

程序输出：

```
        捕获到错误：runtime error: integer divide by zero
        捕获到错误：除数需要大于 0
```

7.1.3 recover

正如名字一样，recover()内建函数用于从异常或错误场景中恢复，让程序可以从异常中重新获得控制权，停止中止过程进而恢复正常执行。函数签名如下：

```
        func recover() interface{}
```

recover()函数只能在 defer 修饰的函数中使用，用于取得异常传递过来的错误值。如果是正常执行，调用 recover()函数会返回 nil，且没有其他效果。如果异常传递过来的是 nil 值，则recover()函数返回的值也为 nil，所以异常时的参数值不使用 nil。

异常会使栈被展开直到 defer 修饰的函数中的 recover() 被调用或者程序中止（如没有recover()，则会导致程序中止并用异常传递的值来报告异常情况）。例如：

```go
// GOPATH\src\go42\chapter-7\7.1\2\main.go

package main

import (
    "fmt"
)

func main() {
    defer func() {
        fmt.Println("done")
        // 即使有 panic，Println 也正常执行。
        if err := recover(); err != nil {
            fmt.Printf("run time panic: %v \n", err)
        }
    }()
    fmt.Println("start")
    panic("Error") // 发生运行时异常的地方
}

// 程序输出：

start
done
run time panic: Error
```

7.2 关于 defer

7.2.1 defer 的三个规则

说到错误处理，就不得不提 defer。先说说它的规则。

规则一：defer 声明时，其后面函数参数会被实时解析。

规则二：defer 执行顺序为先进后出（FILO）。

规则三：defer 可以读取函数的有名返回值。

这三个规则用起来比较简单，但也需要注意代码陷阱，下面用代码说明。

规则一的实例代码如下：

```
// GOPATH\src\go42\chapter-7\7.2\1\main.go

// 当 defer 被声明时，其后面函数参数会被实时解析
package main

import "fmt"

func main() {
    var i int = 1

    // 注意，fmt.Println 在 defer 后面，它的参数会实时计算
    // 输出: result => 2 (而不是 4)
    defer fmt.Println("result1 =>", func() int { return i * 2 }())
    i++

    // 下面 defer 后面的函数无参数，所以最里层的 i 应该是 3
    defer func() {
            fmt.Println("result2 =>", i*2)
    }()
    i++
}
```

程序输出：

```
result2 => 6
result1 => 2
```

规则二实例代码如下：

```
// GOPATH\src\go42\chapter-7\7.2\2\main.go

// defer 执行顺序为先进后出

package main

import "fmt"

func main() {

    defer fmt.Print(" !!! ")
    defer fmt.Print(" world ")
    fmt.Print(" hello ")

}
```

程序输出：

```
hello   world   !!!
```

上面讲了两条规则，第三条规则其实也不难理解，就是可以改变有名返回值。

```go
// GOPATH\src\go42\chapter-7\7.2\3\main.go

// defer 可以读取有名返回值（函数指定了返回参数名）
package main

import "fmt"

func fun1() (i int) {

    defer func() {
            i = i + 10 // defer 可以读取有名返回值
    }()

    return 0 //  一般会认为返回 0，实际上是 10
}

func main() {
    fmt.Println("result2 =>", fun1())
}
```

程序输出：

```
result2 => 10
```

这是由于在 Go 语言中，return 语句不是原子操作，最先是所有返回值在进入函数时都会初始化为其类型的零值（姑且称为 ret 赋值），退出时先给返回值赋值，然后执行 defer 命令，最后才是 return 操作。过程如图 7-1 所示。

图 7-1　有 defer 的 return 过程

如果是有名返回值，返回值变量可视为引用赋值，能被 defer 的代码修改。而在匿名返回值时，给 ret 的值相当于传值赋值，defer 的代码不能直接修改。例如：

```go
func fun1() (i int)
```

上面函数签名中的 i 就是有名返回值，如果 fun1()中定义了 defer 代码块，是可以改变返回值 i 的，函数返回语句 return i 可以简写为 return 。

综合以上规则，在下面这个例子里列举了几种情况，读者可以好好琢磨琢磨。

```
// GOPATH\src\go42\chapter-7\7.2\4\main.go

package main

import (
    "fmt"
)

func main() {
    fmt.Println("=============================")
    fmt.Println("fun1 return:", fun1())

    fmt.Println("=============================")
    fmt.Println("fun2 return:", fun2())

    fmt.Println("=============================")
    fmt.Println("fun3 return:", fun3())

    fmt.Println("=============================")
    fmt.Println("fun4 return:", fun4())
}

func fun1() (i int) {
    defer func() {
        i++
        fmt.Println("fun1 defer2:", i) // 打印结果为  fun1 defer2: 2
    }()

    // 规则二  defer 执行顺序为先进后出
    defer func() {
        i++
        fmt.Println("fun1 defer1:", i) // 打印结果为  fun1 defer1: 1
    }()

    // 规则三  defer 可以读取有名返回值（函数指定了返回参数名）
    return 0 //这里实际结果为 2。如果是 return 100 呢
}

func fun2() int {
    var i int
    defer func() {
        i++
        fmt.Println("fun2 defer2:", i) // 打印结果为  fun2 defer2: 2
    }()

    defer func() {
        i++
        fmt.Println("fun2 defer1:", i) // 打印结果为  fun2 defer1: 1
    }()
    return i
}
```

```go
func fun3() (r int) {
    t := 5
    defer func() {
        t = t + 5
        fmt.Println("fun3 defer:", t) // 打印结果为 fun3 defer: 10
    }()
    return t
}

func fun4() int {
    i := 8
    // 规则一 当 defer 被声明时，其参数会被实时解析
    defer func(i int) {
        fmt.Println("fun4 defer:", i) // 打印结果为 fun4 defer: 8
    }(i)
    i = 19
    return i
}
```

在 fun1() (i int) 有名返回值情况下，return 最终返回的实际值和期望的 return 0 有较大出入。因为在 fun1() (i int) 中，如果 return 100 或 return 0，那么 i 的值实际上分别是 100 或 0。

在上面代码中，如果 return 100，这改变了有名返回值 i，而 defer 可以读取有名返回值，所以 defer1 打印 101，defer 打印 102，返回值最终为 102。因此一般直接写为 return。

这点要注意，有时函数可能返回非希望的值，所以改为匿名返回也是一种办法。具体请看下面输出。

```
fun1 defer1: 1
fun1 defer2: 2
fun1 return: 2

fun2 defer1: 1
fun2 defer2: 2
fun2 return: 0

fun3 defer: 10
fun3 return: 5

fun4 defer: 8
fun4 return: 19
```

根据图 7-1 所示，上面的 func3 函数可以修改为直观明了的代码。

```go
func fun3() (r int) {
    r = 5
    t := 5
    func() {
        t = t + 5
        fmt.Println("fun3 :", t) // 打印结果为 fun3 : 10
    }()
    return
}
```

7.2.2 使用 defer 计算函数执行时间

根据 defer 延迟执行的特性，可以利用它来计算代码块的执行时间。例如：

```
// GOPATH\src\go42\chapter-7\7.2\5\main.go

package main

import (
    "fmt"
    "time"
)

func main() {
    defer timeCost(time.Now())
    fmt.Println("start program")
    time.Sleep(5 * time.Second)
    fmt.Println("finish program")
}

func timeCost(start time.Time) {
    terminal := time.Since(start)
    fmt.Println(terminal)
}
```

程序输出：

```
start program
finish program
5.0000563s
```

从代码输出可以看到，timeCost()准确地计算出了代码块的执行时间。这在某些需要计算执行时间的地方比较有用。

第8章 函　　数

8.1　函数（function）

8.1.1　函数介绍

Go 语言函数的基本组成是：关键字 func、函数名、参数列表、返回值、函数体和返回语句。语法如下：

```
func 函数名(参数列表) (返回值列表) {
    // 函数体
    return
}
```

除了 main()、init()函数外，其他所有类型的函数都可以有参数与返回值。

对于函数，一般也可以这么写：func FunctionName Signature [FunctionBody]。

func 为定义函数的关键字，FunctionName 为函数名，Signature 为函数签名，FunctionBody 为函数体。以下面定义的函数为例。

```
func FunctionName (a typea, b typeb) (t1 type1, t2 type2)
```

函数签名由函数参数、返回值以及它们的类型组成。如：

```
(a typea, b typeb) (t1 type1, t2 type2)
```

如果两个函数的参数列表和返回值列表的变量类型能一一对应，那么这两个函数就有相同的签名，下面的 testa 与 testb 具有相同的函数签名。

```
func testa    (a, b int, z float32) bool
func testb    (a, b int, z float32) (bool)
```

函数调用传入的参数必须按照参数声明的顺序。而且 Go 语言没有默认参数值的说法。函数签名中的最后传入参数可以具有前缀为...的类型（...int），这样的参数称为可变参数，并且可以使用零个或多个参数来调用该函数，这样的函数称为变参函数。

```
func doFix (prefix string, values ...int)
```

函数的参数和返回值列表始终带括号，但如果只有一个未命名的返回值（且只有此种情况），则可以将其写为未加括号的类型。一个函数也可以拥有多个返回值，返回类型之间需要使用逗号分隔，并使用小括号 () 将它们括起来。

```
func testa    (a, b int, z float32) bool
func swap     (a int, b int) (t1 int, t2 int)
```

在函数体中，参数是局部变量，被初始化为调用者传入的值。函数的参数和具名返回值是函数最外层的局部变量，它们的作用域就是整个函数。如果函数的签名声明了返回值，则函数体的语句列表必须以终止语句结束。例如：

```
func IndexRune(s string, r rune) int {
    for i, c := range s {
        if c == r {
            return i
        }
    }
    return // 必须有终止语句 return，否则会发生编译错误：missing return at end of function
}
```

　　函数重载（function overloading）指的是可以编写多个同名函数，只要它们拥有不同的形参或者不同的返回值。在 Go 语言里面函数重载是不允许的。
　　函数也可以作为函数类型被使用。函数类型也就是函数签名。函数类型的未初始化变量的值为 nil。例如：

```
type    funcType func (int, int) int
```

　　上面通过 type 关键字，定义了一个新的函数类型 funcType。
　　函数也可以在表达式中赋值给变量，这样作为表达式中的右值出现，称为函数值字面量（function literal）。函数值字面量是一种表达式，它的值被称为匿名函数，例如：

```
f := func() int { return 7 }
```

　　下面代码对以上两种情况都做了定义和调用。

```
// GOPATH\src\go42\chapter-8\8.1\1\main.go

package main

import (
    "fmt"
    "time"
)

type funcType func(time.Time)        // 定义函数类型 funcType

func main() {
    f := func(t time.Time) time.Time { return t } // 方式一：直接赋值给变量
    fmt.Println(f(time.Now()))

    var timer funcType = CurrentTime // 方式二：定义函数类型 funcType 变量 timer
    timer(time.Now())

    funcType(CurrentTime)(time.Now())     // 先把 CurrentTime 函数转为 funcType 类型，然后传入参数
                                          // 调用
// 这种处理方式在 Go 中比较常见
}

func CurrentTime(start time.Time) {
    fmt.Println(start)
}
```

8.1.2 函数调用

Go 语言中函数默认使用按值传递来传递参数，也就是传递参数的副本。函数接收参数副本之后，在使用变量的过程中可能对副本的值进行更改，但不会影响原来的变量。

如果希望函数可以直接修改参数的值，而不是对参数的副本进行操作，则需要将参数的地址传递给函数，这就是按引用传递，比如 Function(&arg1)，此时传递给函数的是一个指针。如果传递给函数的是一个指针，则可以通过这个指针来修改对应地址上的变量值。

在进行函数调用时，像切片（slice）、字典（map）、接口（interface）、通道（channel）等这样的引用类型都是默认使用引用传递。

命名返回值被初始化为相应类型的零值，当需要返回的时候，只需要一条简单的不带参数的 return 语句。需要注意的是，即使只有一个命名返回值，也需要使用 () 括起来。

变参函数可以接受某种类型的切片为参数。例如：

```
// GOPATH\src\go42\chapter-8\8.1\2\main.go

package main

import (
    "fmt"
)

// 变参函数，参数不定长
func list(nums ...int) {
    fmt.Println(nums)
}

func main() {
    // 常规调用，参数可以多个
    list(1, 2, 3, 4, 5, 6, 7, 8, 9, 10)

    // 在参数同类型时，可以组成 slice 使用 parms... 进行参数传递
    numbers := []int{1, 2, 3, 4, 5, 6, 7, 8, 9, 10}
    list(numbers...) // slice 时使用
}
```

8.1.3 内置函数

Go 语言拥有一些内置函数。内置函数是预先声明的，它们像任何其他函数一样被调用。内置函数没有标准的类型，因此只能出现在调用表达式中，不能用作函数值。它们有时可以针对不同的类型进行操作。

内置函数 make()和 new()都和内存分配有关，但也有差异，见表 8-1。

表 8-1 内置函数 make()和 new()

内 置 函 数	说　　明
make(T)	make 只用于 slice、map 以及 channel 这三种引用数据类型的内存分配和初始化 make(T) 返回类型 T 的值（不是* T）
new(T)	new 用于值类型的内存分配，并且置为零值 new(T) 分配类型 T 的零值并返回其地址，也就是指向类型 T 的指针

内置函数 make()作用于 slice、map 和 channel 三种数据类型时，参数及作用有些区别，见表 8-2。

表 8-2　make()参数说明

T 的类型	参　　数	说　　明
slice	make(T, n)	T 为切片类型，长度和容量都为 n
slice	make(T, n, m)	T 为切片类型，长度为 n，容量为 m （n≤m，否则错误）
map	make(T)	T 为字典类型
map	make(T, n)	T 为字典类型，分配 n 个元素的空间
channel	make(T)	T 为通道类型，无缓冲区
channel	make(T, n)	T 为通道类型，缓冲区容量为 n

内置函数 make()的实际使用举例见下面代码以及注释：

```
s := make([]int, 10, 100)        // 切片，len(s) == 10, cap(s) == 100
s := make([]int, 1e3)            // 切片，len(s) == cap(s) == 1000
s := make([]int, 1<<63)          // 非法：len(s) 不能用 type int 类型的值表示
s := make([]int, 10, 0)          // 非法：len(s) > cap(s)
c := make(chan int, 10)          // 通道缓冲区有 10 个元素
m := make(map[string]int, 100)   // map 的初始空间有大约 100 个元素
```

new(T)内置函数在运行时为该类型的变量分配内存，返回指向它的类型*T 的值，并对变量初始化。例如：

```
type S struct { a int; b float64 }
new(S)
```

new(S)为 S 类型的变量分配内存，并初始化（a = 0，b = 0.0），返回包含该位置地址的类型 *S 的值。

slice、map 和 channel 这三种数据类型声明时，可设置长度或容量，所以通过内置函数 len()和 cap()可以得到对应变量的长度与容量，见表 8-3。

表 8-3　内置函数 len()和 cap()

内置函数	参数 s 的类型	结果说明
len(s)	string	string 类型 s 的长度（按照字节计算）
	[n]T, *[n]T	数组类型 s 的长度
	[]T	切片类型 s 的长度
	map[K]T	字典类型 s 的长度
	chan T	通道类型 s 的缓冲区排队的元素数量
cap(s)	[n]T, *[n]T	数组类型 s 的长度
	[]T	切片类型 s 的容量
	chan T	通道类型 s 的缓冲区容量

对于 len(s)和 cap(s)，如果 s 为 nil 值，则两个函数的取值都是 0，此外还需要记住一个规则：

```
0 <= len(s) <= cap(s)
```

在 Go 语言中，常量在某些计算条件下也可以通过表达式计算得到。假设 s 是字符串常量，则表达式 len(s)是常量。如果 s 的类型是数组或指向数组的指针而表达式不包含通道接收或（非

常量）函数调用，则表达式 len(s)和 cap(s)是常量，否则 len 和 cap 的调用不是常量。例如：

```
const (
    c1 = imag(2i)                    // imag(2i) = 2.0 是常量
    c2 = len([10]float64{2})         // [10]float64{2} 无函数调用
    c3 = len([10]float64{c1})        // [10]float64{c1} 无函数调用
    c4 = len([10]float64{imag(2i)})  // imag(2i)常量无函数调用
    c5 = len([10]float64{imag(z)})   // 无效: imag(z) 非常量函数调用
)
var z complex128
```

开发人员经常需使用内置函数 append()、copy()、delete()和 close()来处理 slice、map 和 channel 这三种数据类型的变量，以便管理这些数据类型的元素，见表 8-4。

表 8-4　内置函数 append()、copy()、delete()和 close()

内 置 函 数	说　　明
append()	用于附加连接切片
copy()	用于复制切片
delete()	从字典删除元素
close()	用于通道，内置函数 close(c)关闭通道，通道关闭后将不能再向通道 c 上发送数据。向已关闭通道发送数据或再次关闭已关闭的通道会导致运行时异常。 关闭 nil 通道也会导致运行时异常

内置函数 append()是变参函数。例如：

```
append(s S, x ...T) S   //T 是类型 S 的元素
```

append()函数常常用来附加切片元素，将零个或多个值 x 附加到 S 类型的切片 s，它的可变参数必须是切片类型，并返回结果切片，也就是 S 类型。值 x 传递给类型为...的参数 T，其中 T 是 S 的元素类型，并且适用相应的参数传递规则。例如：

```
s0 := []int{0, 0}
s1 := append(s0, 2)              // append 附加连接单个元素    s1 == []int{0, 0, 2}
s2 := append(s1, 3, 5, 7)        // append 附加连接多个元素    s2 == []int{0, 0, 2, 3, 5, 7}
s3 := append(s2, s0...)          // append 附加连接切片 s0  s3 == []int{0, 0, 2, 3, 5, 7, 0, 0}
s4 := append(s3[3:6], s3[2:]...) // append 附加切片指定值 s4 == []int{3, 5, 7, 2, 3, 5, 7, 0, 0}

var t []interface{}
t = append(t, 42, 3.1415, "foo") //   t == []interface{}{42, 3.1415, "foo"}

var b []byte
b = append(b, "bar"...)          // append 附加连接字符串内容   b == []byte{'b', 'a', 'r' }
```

内置函数 copy()常常将切片元素从源 src 复制到目标 dst，并返回复制的元素数。两个参数必须具有相同的元素类型 T，并且可以分配给类型为[] T 的切片。复制的元素数量是 len(src)和 len(dst)的最小值。

```
copy(dst, src []T) int

var a = [...]int{0, 1, 2, 3, 4, 5, 6, 7}
var s = make([]int, 6)
var b = make([]byte, 5)
```

```
n1 := copy(s, a[0:])            // n1 == 6, s == []int{0, 1, 2, 3, 4, 5}
n2 := copy(s, s[2:])            // n2 == 4, s == []int{2, 3, 4, 5, 4, 5}
```

作为特殊情况，copy()函数还接受可分配给[] byte 类型的目标参数，其中 src 参数为字符串类型。此种情况将字符串中的字节复制到字节切片中。

```
copy(dst []byte, src string) int

n3 := copy(b, "Hello, World!")   // n3 == 5, b == []byte("Hello")
```

内置函数 delete()从字典 m 中删除带有键 k 的元素。

```
delete(m, k)   // 从字典 m 中删除元素 m[k]
```

内置函数 close()关闭通道。

```
close(c1)   // 关闭通道 c1
```

内置函数 complex()、real()和 imag()主要作用于复数，见表 8-5。

表 8-5   内置函数（**complex()**、**real()**和 **imag()**）

内 置 函 数	说　明
complex()	使用浮点数作为实部和虚部来构造复数
real()	提取复数值的实部
imag()	提取复数值的虚部

内置函数 complex 根据浮点实部和虚部构造复数值，而 real 和 imag 则提取复数值的实部和虚部。

```
complex(realPart, imaginaryPart floatT) complexT
real(complexT) floatT
imag(complexT) float
```

对于 complex()函数，两个参数必须是相同的浮点类型，返回类型是具有相应浮点组成的复数类型。float32 类型用于 complex64 的参数，float64 类型用于 complex128 的参数。如果其中一个参数求值为无类型常量，则首先将其转换为另一个参数的类型。如果两个参数都计算为无类型常量，则它们必须是非复数或其虚部必须为零，并且函数的返回值是无类型复数常量。

对于 real()和 imag()函数，参数必须是复数类型，返回类型是相应的浮点类型：float32 一般为 complex64 返回类型，float64 一般为 complex128 返回类型。如果参数求值为无类型常量，则它必须是数字，并且函数的返回值是无类型浮点常量。

如果这些函数的操作数都是常量，则返回值是常量。

```
var a = complex(2, -2)            // complex128
const b = complex(1.0, -1.4)      // 无类型 complex 常量 1 - 1.4i
x := float32(math.Cos(math.Pi/2)) // float32
var c64 = complex(5, -x)          // complex64
var s uint = complex(1, 0)        // 无类型 complex 常量 1 + 0i 可以转为 uint
var rl = real(c64)                // float32
var im = imag(a)                  // float64
const c = imag(b)                 // 无类型常量 -1.4
```

内置函数 panic()和 recover()在错误与异常处理方面有重要作用，见表 8-6。

表 8-6　内置函数 panic()和 recover()

内 置 函 数	说　　明
panic()	用来表示非常严重的不可恢复的异常错误
recover()	用于从异常或错误场景中恢复

panic()和 recover()可以协助报告和处理运行时异常或程序定义的错误。

```
func panic(interface{})
func recover() interface{}
```

在执行函数 F 时，显式调用 panic()函数或者运行时发生异常都会中止 F 的执行。然后，由 F 延迟（defer）的任何函数都照常执行。依此类推，直到执行 goroutine 中的顶级函数延迟。此时，程序中止并报告错误信息，包括 panic()函数的参数值。例如：

```
panic(42)
panic("unreachable")
panic(Error("cannot parse"))
```

内置函数 recover()允许程序控制发生异常的 goroutine 的行为。

print()和 println()是 Go 语言提供的另外两个有用的内置函数，见表 8-7。这两个函数不保证会一直保留在 Go 语言中，一般不建议使用。

表 8-7　内置函数 print()和 println()

内 置 函 数	说　　明
print()	打印所有参数
println()	打印所有参数并换行

8.1.4　递归与回调

函数直接或间接调用函数本身，则该函数称为递归函数。使用递归函数时经常会遇到的一个重要问题就是栈溢出，一般表现为大量的递归调用导致内存分配耗尽。有时可以通过循环来解决。例如：

```
// GOPATH\src\go42\chapter-8\8.1\3\main.go

package main

import "fmt"

// Factorial 函数递归调用
func Factorial(n uint64)(result uint64) {
    if (n > 0) {
        result = n * Factorial(n-1)
        return result
    }
    return 1
}

// Fac2 函数循环计算
func Fac2(n uint64) (result uint64) {
```

```
        result = 1
        var un uint64 = 1
        for i := un; i <= n; i++ {
                result *= i
        }
        return
    }

    func main() {
        var i uint64= 7
        fmt.Printf("%d 的阶乘是 %d\n", i, Factorial(i))
        fmt.Printf("%d 的阶乘是 %d\n", i, Fac2(i))
    }
```

程序输出：

```
7 的阶乘是 5040
7 的阶乘是 5040
```

Go 语言中也可以使用相互调用的递归函数，多个函数之间相互调用形成闭环。因为 Go 语言编译器的特殊性，这些函数的声明顺序可以是任意的。

Go 语言中函数可以作为其他函数的参数进行传递，然后在其他函数内调用执行，一般称为回调。例如：

```
// GOPATH\src\go42\chapter-8\8.1\4\main.go

package main

import (
    "fmt"
)

func main() {
    callback(1, Add)
}

func Add(a, b int) {
    fmt.Printf("%d 与 %d 相加的和是: %d\n", a, b, a+b)
}

func callback(y int, f func(int, int)) {
    f(y, 2) // 回调函数 f
}
```

程序输出：

```
1 与 2 相加的和是: 3
```

8.1.5 匿名函数

函数值字面量是一种表达式，它的值称为匿名函数。从形式上看，当不给函数起名字的时候，可以使用匿名函数，例如：

```
func(x, y int) int { return x + y }
```

这样的函数不能够独立存在，但可以被赋值于某个变量，即保存函数的地址到变量中：

```
fplus := func(x, y int) int { return x + y }
```

然后通过变量名对函数进行调用：

```
fplus(3, 4)
```

当然，也可以直接对匿名函数进行调用，注意匿名函数的最后面加上括号并填入参数值，如果没有参数，也需要加上空括号，代表直接调用：

```
func(x, y int) int { return x + y } (3, 4)
```

下面是一个计算从 1～100 万整数的总和的匿名函数。

```
func() {
    sum := 0
    for i := 1; i <= 1e6; i++ {
        sum += i
    }
}()
```

参数列表的第一对括号必须紧挨着关键字 func，因为匿名函数没有名称。花括号 {} 涵盖着函数体，最后的一对括号表示对该匿名函数的调用。

下面的代码演示了上面的几种情况。

```go
// GOPATH\src\go42\chapter-8\8.1\5\main.go

package main

import (
    "fmt"
)

func main() {
    fn := func() {
        fmt.Println("hello")
    }
    fn()

    fmt.Println("匿名函数加法求和: ", func(x, y int) int { return x + y }(3, 4))

    func() {
        sum := 0
        for i := 1; i <= 1e6; i++ {
            sum += i
        }
        fmt.Println("匿名函数加法循环求和: ", sum)
    }()
}
```

程序输出：

```
hello
匿名函数加法求和:  7
匿名函数加法循环求和:  500000500000
```

　　匿名函数也称为闭包。与其他语言一样，Go 语言中的闭包同样具有非常特殊而实用的功能。

　　闭包可被允许调用定义在其环境下的变量，可以访问它们所在的外部函数中声明的所有局部变量、参数和声明的其他内部函数。闭包继承了函数声明时的作用域，作用域内的变量都被共享到闭包的环境中，因此这些变量可以在闭包中操作，直到被销毁。也可以理解为内层函数引用了外层函数中的变量或称为引用了自由变量。

　　实质上，闭包是由函数及其相关引用环境组合而成的实体(即：闭包=函数+引用环境)。闭包在运行时可以有多个实例，不同的引用环境和相同的函数组合可以产生不同的实例。由闭包的实质含义，可以推断出：闭包获取捕获变量相当于引用传递，而非值传递；对于闭包函数捕获的常量和变量，无论闭包何时何处被调用，闭包都可以使用这些常量和变量，而不用关心它们表面上的作用域。

　　通过下面代码来看看闭包的使用。

```
// GOPATH\src\go42\chapter-8\8.1\6\main.go

package main

import "fmt"

var G int = 7

func main() {
    // 影响全局变量 G，代码块状态持续
    y := func() int {
        fmt.Printf("G: %d, G 的地址:%p\n", G, &G)
        G += 1
        return G
    }
    fmt.Println(y(), y)
    fmt.Println(y(), y)
    fmt.Println(y(), y) //y 的地址

    // 影响全局变量 G，注意 z 的匿名函数是直接执行，所以结果不变
    z := func() int {
        G += 1
        return G
    }()
    fmt.Println(z, &z)
    fmt.Println(z, &z)
    fmt.Println(z, &z)

    // 影响外层（自由）变量 i，代码块状态持续
    var f = N()
    fmt.Println(f(1), &f)
    fmt.Println(f(1), &f)
    fmt.Println(f(1), &f)

    var f1 = N()
    fmt.Println(f1(1), &f1)
```

```
    }

    func N() func(int) int {
        var i int
        return func(d int) int {
                fmt.Printf("i: %d, i 的地址:%p\n", i, &i)
                i += d
                return i
        }
    }
```

程序输出：

```
    G: 7, G 的地址:0x54b1e8
    8 0x490340
    G: 8, G 的地址:0x54b1e8
    9 0x490340
    G: 9, G 的地址:0x54b1e8
    10 0x490340
    11 0xc0000500c8
    11 0xc0000500c8
    11 0xc0000500c8
    i: 0, i 的地址:0xc0000500e8
    1 0xc000078020
    i: 1, i 的地址:0xc0000500e8
    2 0xc000078020
    i: 2, i 的地址:0xc0000500e8
    3 0xc000078020
    i: 0, i 的地址:0xc000050118
    1 0xc000078028
```

强调一点，G 是闭包中被捕获的全局变量，因此，对于每一次引用，G 的地址都是固定的。i 是函数内部局部变量，地址也是固定的，它们都可以被闭包保持状态并修改。还要注意，f 和 f1 是不同的实例，它们的地址是不一样的。

8.1.6　变参函数

可变参数也就是不定长参数，支持可变参数列表的函数可以支持任意个传入参数，比如 fmt.Println 函数就是一个支持可变长参数列表的函数。例如：

```
// GOPATH\src\go42\chapter-8\8.1\7\main.go

package main

import "fmt"

func Greeting(who ...string) {
    for k, v := range who {

            fmt.Println(k, v)
    }
}
```

```
func main() {
    s := []string{"James", "Jasmine"}
    Greeting(s...)   // 注意这里切片 s... ，把切片打散传入，与 s 具有相同底层数组的值
}
```

程序输出：

```
0 James
1 Jasmine
```

第9章　结构体和接口

9.1　结构体（struct）

9.1.1　结构体介绍

> Go 语言结构体是实现自定义类型的一种重要数据类型。
>
> 结构体是复合类型（composite type），它由一系列属性组成，每个属性都有自己的类型和值，结构体通过属性把数据聚集在一起。
>
> 结构体类型和字段的命名遵循可见性规则。
>
> 结构体是值类型，因此可以通过 new 函数来创建。

结构体是由一系列称为字段（field）的命名元素组成的复合类型，每个元素都有一个名称和一个类型。字段名称可以显式指定（Identifier List）或隐式指定（Embedded Field），没有显式字段名称的字段称为匿名（内嵌）字段。在结构体中，非空字段名称必须是唯一的。

结构体定义的一般方式如下所示：

```
type identifier struct {
    field1 type1
    field2 type2
    ...
}
```

结构体里的字段一般都有名字，如 field1、field2 等，如果字段在代码中从未被用到，那么可以命名它为 _。

空结构体如下所示：

```
struct {}
```

某个具有六个字段的结构体如下所示：

```
struct {
    x, y int
    u float32
    _ float32    // 填充
    A *[]int
    F func()
}
```

对于匿名字段，必须将其指定为类型名称 T 或指向非接口类型名称*T 的指针，并且 T 本身可能不是指针类型。

```
struct {
```

```
    T1              // 字段名 T1
    *T2             // 字段名 T2
    P.T3            // 字段名 T3
    *P.T4           //f 字段名 T4
    x, y int        // 字段名 x 和 y
}
```

使用 new() 函数给一个新的结构体变量分配内存，返回指向已分配内存的指针。

```
type S struct { a int; b float64 }
new(S)
```

new(S) 为 S 类型的变量分配内存并初始化（a = 0，b = 0.0），返回包含该位置地址的类型 *S 的值。

一般的惯用方法是 t := new(T)，变量 t 是一个指向 T 的指针，此时结构体字段的值是它们所属类型的零值。

也可以写成 var t T，也会给 t 分配内存，并零值化内存，但这个时候 t 是类型 T。

在这两种方式中，t 通常被称作类型 T 的一个实例（instance）或对象（object）。

使用点号符 "." 可以获取结构体字段的值：structname.fieldname。无论变量是一个结构体类型还是一个结构体类型指针，都使用同样的表示法来引用结构体的字段。例如：

```
type myStruct struct { i int }
var v myStruct     // v 是结构体类型变量
var p *myStruct    // p 是指向一个结构体类型变量的指针
v.i
p.i

type Interval struct {
    start   int
    end     int
}
```

结构体变量有三种初始化方式，第一种按照字段顺序，后面两种则按照对应字段名来初始化赋值。

```
intr := Interval{0, 3}              (A)
intr := Interval{end:5, start:1}    (B)
intr := Interval{end:5}             (C)
```

复合字面量是构造结构体、数组、切片和字典的值，且每次都创建新值。声明和初始化一个结构体实例（一个结构体字面量 struct-literal）方式如下。

定义结构体类型 Point3D 和 Line：

```
type Point3D struct { x, y, z float64 }
type Line struct { p, q Point3D }
```

声明并初始化：

```
origin := Point3D{}                         //  Point3D 是零值
line := Line{origin, Point3D{y: -4, z: 12.3}} //   line.q.x 是零值
```

Point3D{} 以及 Line{origin, Point3D{y: -4, z: 12.3}} 都是结构体字面量。

表达式 new(Type) 和 &Type{} 是等价的。&struct1{a, b, c} 是一种简写，底层仍然会调用 new()，这里值的顺序必须按照字段顺序来写。也可以通过在值的前面放上字段名来初始化字段

的方式，这种方式就不必按照顺序来写了。

结构体类型和字段的命名遵循可见性规则，一个导出的结构体类型中有些字段是导出的，即首字母大写字段会导出。另一些不可见，即首字母小写为未导出，对外不可见。

9.1.2 结构体特性

1．结构体的内存布局

Go 语言中，结构体和它所包含的数据在内存中是以连续块的形式存在的，即使结构体中嵌套有其他的结构体，这在性能上带来了很大的优势。

2．递归结构体

递归结构体类型可以通过引用自身指针来定义。这在定义链表或二叉树的节点时特别有用，此时节点包含指向邻近节点的链接。例如：

```
type Element struct {
    // Next and previous pointers in the doubly-linked list of elements.
    // To simplify the implementation, internally a list l is implemented
    // as a ring, such that &l.root is both the next element of the last
    // list element (l.Back()) and the previous element of the first list
    // element (l.Front()).
    next, prev *Element

    // The list to which this element belongs.
    list *List

    // The value stored with this element.
    Value interface{}
}
```

3．可见性

通过参考应用可见性规则，如果结构体名不能导出，可通过 new 函数使用工厂方法达到同样的目的。例如：

```
type bitmap struct {
    Size int
    data []byte
}

func NewBitmap(size int) *bitmap {
    div, mod := size/8, size%8
    if mod > 0 {
        div++
    }
    return &bitmap{size, make([]byte, div)}
}
```

在包外，只有通过 NewBitmap 函数才可以初始 bitmap 结构体。同理，在 bitmap 结构体中，由于其字段 data 是小写字母开头即并未导出，bitmap 结构体的变量不能直接通过选择器读取 data 字段的数据。

4．结构体标签

结构体中的字段除了有名字和类型外，还可以有一个可选的标签（tag）。它是一个附属于字

段的字符串，可以是文档或其他的重要标记。标签的内容不可以在一般的编程中使用，只有
reflect 包能获取它。

　　reflect 包可以在运行时反射得到类型、属性和方法。如变量是结构体类型，可以通过 Field()
方法来索引结构体的字段，得到 Tag 属性。例如：

```go
// GOPATH\src\go42\chapter-9\9.1\1\main.go

package main

import (
    "fmt"
    "reflect"
)

type Student struct {
    name string "学生名字"            // 结构体标签
    Age   int    "学生年龄"            // 结构体标签
    Room int      `json:"Roomid"`      // 结构体标签
}

func main() {
    st := Student{"Titan", 14, 102}
    fmt.Println(reflect.TypeOf(st).Field(0).Tag)
    fmt.Println(reflect.TypeOf(st).Field(1).Tag)
    fmt.Println(reflect.TypeOf(st).Field(2).Tag)
}
```

程序输出：

```
学生名字
学生年龄
json:"Roomid"
```

从上面代码可以看到，通过 reflect 包很容易得到结构体字段的标签。

9.1.3　匿名字段

　　Go 语言结构体中可以包含一个或多个匿名（内嵌）字段，即这些字段没有显式的名字，只
有字段的类型是必需的，此时类型就是字段的名字（这一特征决定了在一个结构体中，每种数
据类型只能有一个匿名字段）。

　　匿名（内嵌）字段本身也可以是一个结构体类型，即结构体可以包含内嵌结构体。例如：

```go
type Human struct {
    name string
}

type Student struct { // 含内嵌结构体 Human
    Human // 匿名（内嵌）字段
    int    // 匿名（内嵌）字段
}
```

　　Go 语言结构体中这种含匿名（内嵌）字段和内嵌结构体的结构，可近似地理解为面向对象
语言中的继承概念。

Go 语言中的继承是通过内嵌或组合来实现的，所以在 Go 语言中，与继承相比，组合更受青睐。

9.1.4 嵌入与聚合

结构体中包含匿名（内嵌）字段叫作嵌入或者内嵌。如果结构体中字段包含了类型名和字段名，则叫作聚合。聚合在 Java 和 C++中都是常见的方式，而内嵌则是 Go 的特有方式。例如：

```
type Human struct {
    name string
}

type Person1 struct {                // 内嵌
    Human
}

type Person2 struct {                // 内嵌，这种内嵌与上面内嵌有差异
    *Human
}

type Person3 struct{                 // 聚合
    human Human
}
```

嵌入在结构体中广泛使用，在 Go 语言中，如果考虑结构体和接口的嵌入组合方式一共有四种。

1. 在接口中嵌入接口

这里指的是在接口定义中嵌入接口类型，而不是接口的一个实例，相当于合并了两个接口类型定义的全部函数。下面代码只有同时实现了 Writer 和 Reader 的接口，才可以说是实现了 Teacher 接口，即可以作为 Teacher 的实例。Teacher 接口嵌入了 Writer 和 Reader 两个接口，在 Teacher 接口中，Writer 和 Reader 是两个匿名（内嵌）字段。

```
type Writer interface{
    Write()
}

type Reader interface{
    Read()
}

type Teacher interface{
    Reader
    Writer
}
```

2. 在接口中嵌入结构体

这种方式在 Go 语言中是不合法的，不能通过编译。例如：

```
type Human struct {
    name string
}
```

```
type Writer interface {
    Write()
}

type Reader interface {
    Read()
}

type Teacher interface {
    Reader
    Writer
    Human
}
```

代码存在语法错误，并不具有实际的含义，编译报错：

```
interface contains embedded non-interface Base
```

接口不能嵌入非接口的类型。

3. 在结构体中内嵌接口

初始化的时候，内嵌接口要用一个实现此接口的结构体赋值。或者定义一个新结构体，可以把新结构体作为接收器（receiver），实现接口的方法就实现了接口（先记住这句话，后面在讲述方法时会解释），这个新结构体可作为初始化时实现了内嵌接口的结构体来赋值。例如：

```go
// GOPATH\src\go42\chapter-9\9.1\2\main.go

package main

import (
    "fmt"
)

type Writer interface {
    Write()
}

type Author struct {
    name string
    Writer
}

// 定义新结构体，重点是实现接口方法 Write()
type Other struct {
    i int
}

func (a Author) Write() {
    fmt.Println(a.name, "  Write.")
}

// 新结构体 Other 实现接口方法 Write()，也就可以初始化时赋值给 Writer 接口
func (o Other) Write() {
```

```
        fmt.Println(" Other Write.")
    }

    func main() {

        // 方法一：Other{99}作为 Writer 接口赋值
        Ao := Author{"Other", Other{99}}
        Ao.Write()

        // 方法二：简易做法，对接口使用零值，可以完成初始化
        Au := Author{name: "Hawking"}
        Au.Write()
    }
```

程序输出：

```
    Other    Write.
    Hawking    Write.
```

4. 在结构体中嵌入结构体

在结构体中嵌入结构体很好理解，但不能嵌入自身值类型，可以嵌入自身的指针类型即递归嵌套。

在初始化时，内嵌结构体也进行赋值。外层结构自动获得内嵌结构体所有定义的字段和实现的方法。

下面代码完整演示了结构体中嵌入结构体，初始化以及字段的选择调用。

```
// GOPATH\src\go42\chapter-9\9.1\3\main.go

package main

import (
    "fmt"
)

type Human struct {
    name     string      // 姓名
    Gender string        // 性别
    Age      int         // 年龄
    string               // 匿名字段
}

type Student struct {
    Human               // 匿名字段
    Room   int          // 教室
    int                 // 匿名字段
}

func main() {
    //使用 new 方式
    stu := new(Student)
    stu.Room = 102
    stu.Human.name = "Titan"
    stu.Gender = "男"
```

```
        stu.Human.Age = 14
        stu.Human.string = "Student"

        fmt.Println("stu is:", stu)
        fmt.Printf("Student.Room is: %d\n", stu.Room)
        fmt.Printf("Student.int is: %d\n", stu.int) // 初始化时已自动给予零值：0
        fmt.Printf("Student.Human.name is: %s\n", stu.name) //   (*stu).name
        fmt.Printf("Student.Human.Gender is: %s\n", stu.Gender)
        fmt.Printf("Student.Human.Age is: %d\n", stu.Age)
        fmt.Printf("Student.Human.string is: %s\n", stu.string)

        // 使用结构体字面量赋值
        stud := Student{Room: 102, Human: Human{"Hawking", "男", 14, "Monitor"}}

        fmt.Println("stud is:", stud)
        fmt.Printf("Student.Room is: %d\n", stud.Room)
        fmt.Printf("Student.int is: %d\n", stud.int) // 初始化时已自动给予零值：0
        fmt.Printf("Student.Human.name is: %s\n", stud.Human.name)
        fmt.Printf("Student.Human.Gender is: %s\n", stud.Human.Gender)
        fmt.Printf("Student.Human.Age is: %d\n", stud.Human.Age)
        fmt.Printf("Student.Human.string is: %s\n", stud.Human.string)
    }
```

程序输出：

```
    stu is: &{{Titan  男  14 Student} 102 0}
    Student.Room is: 102
    Student.int is: 0
    Student.Human.name is: Titan
    Student.Human.Gender is:  男
    Student.Human.Age is: 14
    Student.Human.string is: Student
    stud is: {{Hawking  男  14 Monitor} 102 0}
    Student.Room is: 102
    Student.int is: 0
    Student.Human.name is: Hawking
    Student.Human.Gender is:  男
    Student.Human.Age is: 14
    Student.Human.string is: Monitor
```

内嵌结构体的字段，可以逐层选择来使用，如 stu.Human.name。如果外层结构体中没有同名的 name 字段，也可以直接选择使用，如 stu.name。

通过对结构体使用 new(T)，struct{filed:value}两种方式来声明初始化，分别可以得到*T 指针变量，和 T 值变量。

观察上面的程序输出结果，由 stu is: &{{Titan 男 14 Student} 102 0} 可以得知，stu 是指针变量。但是程序在调用此结构体变量的字段时并没有使用到指针，这是因为这里的 stu.name相当于(*stu).name，这是一个语法糖，一般都使用 stu.name 方式来调用，但要知道有这个语法糖存在。

9.1.5　命名冲突

当结构体两个字段拥有相同的名字（可能是继承来的名字）时会怎么样呢？外层名字会覆

盖内层名字（但是两者的内存空间都保留）。

当相同的字段名在同一层级出现了两次，而且这个名字被程序直接选择使用了，就会引发一个错误，可以采用逐级选择使用的方式来避免这个错误。例如：

```
type A struct {a int}
type B struct {a int}

type C struct {
A
B
}
var c C
```

上面代码中不能直接选择使用 c.a，否则编译时会报告 ambiguous selector c.a，且编译不能通过。但是完整逐级写出来就正常了，例如 c.A.a 或者 c.B.a 都可以正确得到对应的值。

解决直接选择使用 c.a 引发二义性的问题一般应该由程序员逐级完整写出避免错误。

9.2 接口（interface）

9.2.1 接口是什么

接口（interface）类型是 Go 语言的一种数据类型。Go 语言中接口定义了一组方法集合，但是这些方法集合只是被定义，并没有在接口中实现。因为所有的类型包括自定义类型其实都已经实现了空接口 interface{}，所以空接口 interface{} 可以被当作任意类型的数值。

接口类型的未初始化变量的值为 nil。

```
var i interface{} = 99 // i 可以是任何类型
i = 44.09
i = "All"   // i 可接受任意类型的赋值
```

接口就是一组抽象方法的集合，它必须由其他非 interface 类型实现，而不能自我实现。Go 语言通过它可以实现很多面向对象的特性。

下面是一个接口定义的例子：

```
type Stringer interface {
    String() string
}
```

上面的 Stringer 是一个接口类型，按照惯例，单方法接口由方法名称加上 -er 后缀或类似修改来命名，以构造代理名词，如 Reader、Writer、Formatter、CloseNotifier 等。还有一些不常用的方式（当后缀 er 不合适时），比如 Recoverable，此时接口名以 able 结尾，或者以 I 开头等。

Go 语言中的接口都很简短，通常它们会包含 0~3 个方法。如标准包 io 中定义了下面两个接口，每个接口都只有一个方法。

```
type Reader interface {
    Read(p []byte) (n int, err error)
}
type Writer interface {
```

```
        Write(p []byte) (n int, err error)
    }
```

在 Go 语言中，如果接口的所有方法在某个类型方法集中被实现，则认为该类型实现了这个接口。

类型不用显式声明实现接口，只需要实现接口所有方法，这样的隐式实现解耦了实现接口的包和定义接口的包。

同一个接口可被多个类型实现，一个类型也可以实现多个接口。实现某个接口的类型，还可以有其他的方法。有时甚至都不知道某个类型定义的方法集巧合地实现了另一个接口。这种灵活性使 Go 语言不用像 Java 语言那样需要显式实现接口。一旦类型不需要实现某个接口，甚至可以不改动任何代码。

类型需要实现接口方法集中的所有方法。类型实现了这个接口，那么接口类型的变量也就可以存放该类型的值。

如下代码所示，结构体 A 和类型 I 都实现了接口 B 的方法 f()，所以这两种类型也具有了接口 B 的一切特性，可以将该类型的值存储在接口 B 类型的变量中。

```go
// GOPATH\src\go42\chapter-9\9.2\1\main.go

package main

import (
    "fmt"
)

type A struct {
    Books int
}

type B interface {
    f()
}

func (a A) f() {
    fmt.Println("A.f() ", a.Books)
}

type I int

func (i I) f() {
    fmt.Println("I.f() ", i)
}

func main() {
    var a A = A{Books: 9}
    a.f()

    var b B = A{Books: 99} // 接口类型可接受结构体 A 的值，因为结构体 A 实现了接口
    b.f()

    var i I = 199 // I 是 int 类型引申出来的新类型
```

```
        i.f()

        var b2 B = I(299) // 接口类型可接受新类型 I 的值，因为新类型 I 实现了接口
        b2.f()
    }
```

程序输出：

```
    A.f()    9
    A.f()    99
    I.f()    199
    I.f()    299
```

如果接口在类型之后才定义，或者二者处于不同的包中，只要类型实现了接口中的所有方法，这个类型就实现了此接口。

因此 Go 语言中的接口具有强大的灵活性。

接口中的方法必须全部实现，才能实现接口。

9.2.2 接口嵌入

一个接口可以包含一个或多个其他的接口，但是在接口内不能嵌入结构体，也不能嵌入接口自身，否则编译会出错。

下面两种嵌入接口自身的方式都不能编译通过。

```
    // 编译错误：invalid recursive type Bad
    type Bad interface {
        Bad
    }

    // 编译错误：invalid recursive type Bad2
    type Bad1 interface {
        Bad2
    }
    type Bad2 interface {
        Bad1
    }
```

下面的接口 File 包含了 ReadWrite 和 Lock 的所有方法，它还额外有一个 Close() 方法。接口的嵌入方式和结构体的嵌入方式语法上差不多，直接写接口名即可。

```
    type ReadWrite interface {
        Read(b Buffer) bool
        Write(b Buffer) bool
    }

    type Lock interface {
        Lock()
        Unlock()
    }

    type File interface {
        ReadWrite
```

```
        Lock
        Close()
}
```

9.2.3　类型断言

可以把实现了某个接口的类型值保存在接口变量中，但反过来某个接口变量属于哪个类型呢？如何检测接口变量的类型呢？这就是类型断言（Type Assertion）的作用。

接口类型 I 的变量 varI 中可以包含任何实现了这个接口的类型的值，如果多个类型都实现了这个接口，则需要用一种动态方式来检测它的真实类型，即在运行时确定变量的实际类型。

通常可以使用类型断言（value, ok := element.(T)）来测试在某个时刻接口变量 varI 是否包含类型 T 的值。

```
        value, ok := varI.(T)          // 类型断言
```

varI 必须是一个接口变量，否则编译器会报错：invalid type assertion: varI.(T) (non-interface type (type of I) on left)。

类型断言可能是无效的，虽然编译器会尽力检查转换是否有效，但是它不可能预见所有的情况。如果转换在程序运行时失败会导致错误发生。更安全的方式是使用以下形式来进行类型断言：

```
        var varI I
        varI = T("Tstring")
        if v, ok := varI.(T); ok { // 类型断言
            fmt.Println("varI 类型断言结果为: ", v) // varI 已经转为 T 类型
            varI.f()
        }
```

如果断言成功，v 是 varI 转换到类型 T 的值，ok 的值是 true；否则 v 是类型 T 的零值，ok 的值是 false，也没有运行时错误发生。

接口类型向普通类型转换有两种方式：comma-ok 断言和 type-switch 测试。

1．通过 type-switch 做类型判断

接口变量可以使用一种特殊形式的 switch 做类型断言。

```
        // type-switch 做类型判断
        var value interface{}

        switch str := value.(type) {
        case string:
            fmt.Println("value 类型断言结果为 string:", str)

        case Stringer:
            fmt.Println("value 类型断言结果为 Stringer:", str)

        default:
            fmt.Println("value 类型不在上述类型之中")
        }
```

可以用 type-switch 进行运行时类型分析，但在使用它时不允许有 fallthrough 。type-switch 使处理未知类型的数据（例如解析 JSON 等编码的数据）更加方便。

2．comma-ok 类型断言

接口变量也可以这样做类型断言：

```
// comma-ok 断言
var varI I
varI = T("Tstring")
if v, ok := varI.(T); ok { // 类型断言
    fmt.Println("varI 类型断言结果为：", v) // varI 已经转为 T 类型
    varI.f()
}
```

接口描述了一系列的行为，规定可以做什么行为，"当一个东西，走起来像鸭子，叫起来像鸭子，游泳也像鸭子，那么可以认为它就是一只鸭子"。类型实现不同的接口将拥有不同的行为方法集合，这就是多态的本质。

下面是上面几个代码片段的完整代码文件。

```
// GOPATH\src\go42\chapter-9\9.2\2\main.go

package main

import (
    "fmt"
)

type I interface {
    f()
}

type T string

func (t T) f() {
    fmt.Println("T Method")
}

type Stringer interface {
    String() string
}

func main() {

    // 类型断言
    var varI I
    varI = T("Tstring")
    if v, ok := varI.(T); ok { // 类型断言
            fmt.Println("varI 类型断言结果为：", v) // varI 已经转为 T 类型
            varI.f()
    }

    // Type-switch 做类型判断
    var value interface{} // 默认为零值

    switch str := value.(type) {
    case string:
```

```
                fmt.Println("value 类型断言结果为 string:", str)

        case Stringer:
                fmt.Println("value 类型断言结果为 Stringer:", str)

        default:
                fmt.Println("value 类型不在上述类型之中")
        }

        // Comma-ok 断言
        value = "类型断言检查"
        str, ok := value.(string)
        if ok {
                fmt.Printf("value 类型断言结果为：%T\n", str) // str 已经转为 string 类型
        } else {
                fmt.Printf("value 不是 string 类型 \n")
        }
}
```

程序输出：

```
varI 类型断言结果为：  Tstring
T Method
value 类型不在上述类型之中
value 类型断言结果为：string
```

使用接口使代码更具有普适性，例如函数的参数为接口变量。标准库所有包中遵循了这个原则，但如果对接口概念没有良好的把握，就不能很好理解它是如何构建的。

那么为什么在 Go 语言中可以进行类型断言呢？可以在上面代码中看到，断言后的值 v, ok := varI.(T)，v 值对应的是一个类型名 Tstring。因为在 Go 语言中，一个接口值(Interface Value) 其实由两部分组成：type :value 。所以在做类型断言时，变量只能是接口类型变量，断言得到的值其实是接口值中对应的类型名。这在后面讨论 reflect 包时会有更深入的说明。

9.2.4　接口与动态类型

在经典的面向对象语言（如 C++、Java 和 C#）中，往往将数据和方法封装为类，类中包含它们两者，并且不能剥离。

Go 语言中没有类，数据（结构体或更一般的类型）和方法是一种松耦合的正交关系。Go 语言中的接口必须提供一个指定方法集的实现，但是更加灵活通用。任何提供了接口方法实现代码的类型都隐式地实现了该接口，而不用显式地声明。该特性允许我们在不改变已有代码的情况下定义和使用新接口。

接受一个（或多个）接口类型作为参数的函数，其实参可以是任何实现了该接口的类型。实现了某个接口的类型可以被传给任何以此接口为参数的函数。

Go 语言动态类型的实现通常需要编译器静态检查的支持。当变量被赋值给一个接口类型的变量时，编译器会检查其是否实现了该接口的所有方法。也可以通过类型断言来检查接口变量是否实现了相应类型。

因此，Go 语言提供了动态语言的优点，却没有其他动态语言在运行时可能发生错误的缺点。Go 语言的接口提高了代码的分离度，改善了代码的复用性，使得代码开发过程中的设计模式更容易实现。

9.2.5　接口的提取

接口的提取是非常有用的设计模式，良好的提取可以减少需要的类型和方法数量。而且在 Go 语言中不需要像传统的基于类的面向对象语言那样维护整个的类层次结构。

假设有一些拥有共同行为的对象，开发者想要抽象出这些行为，这时就可以创建一个接口来使用。在 Go 语言中这样操作甚至不会影响到前面开发的代码，所以不用提前设计出所有的接口，接口的设计可以不断演进，并且不用废弃之前的决定。而且类型要实现某个接口，类型本身不用改变，只需要在这个类型上实现新的接口方法集。

9.2.6　接口的继承

当一个类型包含（内嵌）另一个类型（实现了一个或多个接口）时，这个类型就可以使用（另一个类型）所有的接口方法。

类型可以通过继承多个接口来提供像多重继承一样的特性。例如：

```
type ReaderWriter struct {
    io.Reader
    io.Writer
}
```

多态用得越多，代码就相对越少。这被认为是 Go 编程中的重要的最佳实践。

第10章 方　　法

本书前面多次提到过方法，但没有详细介绍。在这一章里，来仔细看看方法有哪些奇妙之处。

10.1　方法的定义

在 Go 语言中，结构体就像是类的一种简化形式，那么熟悉面向对象编程的程序员可能会问：类的方法在哪里呢？在 Go 语言中有一个概念，它和方法有着同样的名字，并且意思相近。

Go 语言中方法（method）和函数在形式上很像，是作用在接收器（receiver）上的一个函数，接收器是某种类型的变量。因此方法是一种特殊类型的函数，只是比函数多了一个接收器（receiver），当然在接口中定义的函数也称为方法（因为最终还是要通过绑定到类型来实现）。

正是因为有了接收器，方法才可以作用于接收器的类型（变量）上，类似于面向对象中类的方法可以作用于类属性上。

定义方法的一般格式如下：

```
func (recv receiver_type) methodName(parameter_list) (return_value_list) { ... }
```

在方法名之前，func 关键字之后的括号中指定接收器 receiver。

```go
type A struct {
    Face int
}

func (a A) f() {
    fmt.Println("hi ", a.Face)
}
```

上面代码中，定义了结构体 A，注意 f() 就是 A 的方法，(a A)表示接收器。a 是 A 的实例，f()是它的方法名，方法调用采用 object.name 即选择器 a.f()方式。

10.1.1　接收器（receiver）

接收器类型除了不能是指针类型或接口类型外，可以是其他任何类型，不仅仅是结构体类型，也可以是函数类型，还可以是以 int、bool、string 等为基础的自定义类型。例如：

```go
// GOPATH\src\go42\chapter-10\10.1\1\main.go

package main

import (
    "fmt"
)
```

```go
type Human struct {
    name    string // 姓名
    Gender string // 性别
    Age     int    // 年龄
    string         // 匿名字段
}

func (h Human) print() { // 值方法
    fmt.Println("Human:", h)
}

type MyInt int

func (m MyInt) print() { // 值方法
    fmt.Println("MyInt:", m)
}

func main() {
    //使用 new 方式
    hu := new(Human)
    hu.name = "Titan"
    hu.Gender = "男"
    hu.Age = 14
    hu.string = "Student"
    hu.print()

    // 指针变量
    mi := new(MyInt)
    mi.print()

    // 使用结构体字面量赋值
    hum := Human{"Hawking", "男", 14, "Monitor"}
    hum.print()

    // 值变量
    myi := MyInt(99)
    myi.print()
}
```

程序输出：

```
Human: {Titan  男  14 Student}
MyInt: 0
Human: {Hawking  男  14 Monitor}
MyInt: 99
```

接收器不能是一个接口类型，因为接口是一个抽象定义，如果这样做会引发编译错误 invalid receiver type。例如：

```
// GOPATH\src\go42\chapter-10\10.1\2\main.go

package main
```

```
import (
    "fmt"
)

type printer interface {
    print()
}

func (p printer) print() { //   invalid receiver type printer (printer is an interface type)
    fmt.Println("printer:", p)
}
func main() {}
```

接收器不能是一个指针类型。

下面代码中类型 Q 就是一个指针类型，在接收器(q Q)上定义方法 func (q Q) print() 会导致编译错误。

```
// GOPATH\src\go42\chapter-10\10.1\3\main.go

package main

import (
    "fmt"
)

type MyInt int

type Q *MyInt

func (q Q) print() { // invalid receiver type Q (Q is a pointer type)
    fmt.Println("Q:", q)
}

func main() {}
```

但接收器可以是类型的指针。示例如下：

```
// GOPATH\src\go42\chapter-10\10.1\4\main.go

package main

import (
    "fmt"
)

type MyInt int

func (mi *MyInt) print() { //  指针接收器，指针方法
    fmt.Println("MyInt:", *mi)
}
func (mi MyInt) echo() { //  值接收器，值方法
    fmt.Println("MyInt:", mi)
}
func main() {
```

```
        i := MyInt(9)
        i.print()
    }
```

如果有类型 T，方法的接收器为(t T)时称为值接收器，该方法称为值方法。方法的接收器为 (t *T)时称为指针接收器，该方法称为指针方法。

类型 T（或 *T）上的所有方法的集合叫作类型 T（或 *T）的方法集。

> Go 社区约定的接收器命名是类型的一个或两个字母的缩写（如 c 或者 cl 对于 Client）。不要使用泛指的名字如 me, this 或者 self, 也不要使用过度描述的名字，应力求简短。

10.1.2　方法表达式与方法值

在 Go 语言中，方法调用的方式如下：如有类型 X 的变量 x，m()是其方法，则方法有效调用方式是 x.m()；而 x 如果是指针变量，则 x.m() 是 (&x).m()的简写。可以看到，指针方法的调用往往也写成 x.m()，其实是一种语法糖。

这里了解一下 Go 语言的选择器（selector），如：

```
    x.f
```

如果 x 不是包名，则 x.f 表示 x（或* x）的 f（字段或方法）。标识符 f（字段或方法）称为选择器（selector），选择器不能是空白标识符。选择器表达式的类型是 f 的类型。

选择器 f 可以表示类型 T 的字段或方法，或者指嵌入字段 T 的字段或方法 f。遍历到 f 的嵌入字段的层数称为其在 T 中的深度。在 T 中声明的字段或方法 f 的深度为零。在 T 中的嵌入字段 A 中声明的字段或方法 f 的深度等于 A 中的 f 的深度加 1。

在 Go 语言中，方法的显式接收器(explicit receiver)x 是方法 x.m()的等效函数 X.m()的第一个参数，所以 x.m()和 X.m(x)是等价的，具体示例如下：

```go
// GOPATH\src\go42\chapter-10\10.1\5\main.go

package main

import (
    "fmt"
)

type T struct {
    a int
}

func (tv T) Mv(a int) int {
    fmt.Printf("Mv 的值是: %d\n", a)
    return a
} // 值方法

func (tp *T) Mp(f float32) float32 {
    fmt.Printf("Mp: %f\n", f)
    return f
} // 指针方法

func main() {
```

```
        var t T
        // 下面几种调用方法是等价的
        t.Mv(1)      // 一般调用
        T.Mv(t, 1) // 显式接收器 t 可以当作函数的第一个参数
        f0 := t.Mv // 通过选择器（selector）t.Mv 将方法值赋值给一个变量 f0
        f0(2)
        T.Mv(t, 3)
        (T).Mv(t, 4)
        f1 := T.Mv // 利用方法表达式(Method Expression) T.Mv 取到函数值
        f1(t, 5)
        f2 := (T).Mv // 利用方法表达式(Method Expression) T.Mv 取到函数值
        f2(t, 6)
    }
```

　　t.Mv(1)和 T.Mv(t, 1)效果是一致的，这里显式接收器 t 可以当作等效函数 T.Mv()的第一个参数。而在 Go 语言中，可以利用选择器取得方法值（Method Value），并可以将其赋给其他变量。使用 t.Mv 就可以得到 Mv 方法的方法值，而且这个方法值绑定到了显式接收器（实参）t。

```
        f0 := t.Mv // 通过选择器将方法值 t.Mv 赋值给一个变量 f0
```

　　除了使用选择器取得方法值外，还可以使用方法表达式（Method Expression）取得函数值（Function Value）。

```
        f1 := T.Mv // 利用方法表达式(Method Expression) T.Mv 取得函数值
        f1(t, 5)
        f2 := (T).Mv // 利用方法表达式(Method Expression) T.Mv 取得函数值
        f2(t, 6)
```

　　函数值的第一个参数必须是一个接收器。

```
        f1(t, 5)
        f2(t, 6)
```

　　上面有关选择器、方法表达式、函数值、方法值等概念可以帮助我们更好地理解方法，掌握它们可以更好地使用方法。

　　在 Go 语言中不允许方法重载，因为方法是函数，所以对于一个类型只能有唯一一个特定名称的方法。但是如果基于接收器类型，可以通过一种变通的方法达到这个目的：具有同样名字的方法可以在两个或多个不同的接收器类型上存在，比如在同一个包里这么做是允许的：

```
    type MyInt1 int
    type MyInt2 int

    func (a *MyInt1) Add(b int) int { return 0 }
    func (a *MyInt2) Add(b int) int { return 0 }
```

10.1.3　自定义类型方法与匿名嵌入

　　Go 语言中类型加上它的方法集等价于面向对象中的类。但在 Go 语言中，类型的代码和绑定在它上面的方法集的代码可以不放置在同一个文件中，它们可以保存在同一个包下的其他源文件中。

　　下面是在非结构体类型上定义方法的例子。

```
    type MyInt int
```

```
func (m MyInt) print() { // 值方法
    fmt.Println("MyInt:", m)
}
```

注意：类型和在它上面定义的方法必须在同一个包里定义，所以不能在基础类型 int、float 等上面自定义方法。

若类型是在其他的或是非本地的包里定义的，则在它上面定义方法时会发生错误。例如：

```
// GOPATH\src\go42\chapter-10\10.1\6\main.go

package main

import (
    "fmt"
)

func (i int) print() { // cannot define new methods on non-local type int
    fmt.Println("Int:", i)
}

func main() {
}
```

程序编译不通过，错误如下：

```
cannot define new methods on non-local type int
```

虽然不能直接为非同一包下的类型直接定义方法，但可以以某个类型（比如：int 或 float）为基础来自定义新类型，然后再为新类型定义方法。例如：

```
// GOPATH\src\go42\chapter-10\10.1\7\main.go

package main

import (
    "fmt"
)

type MyInt int

func (m MyInt) print() { // 值方法
    fmt.Println("MyInt:", m)
}

func main() {
    myi := MyInt(99)
    myi.print()
}
```

程序输出：

```
MyInt: 99
```

MyInt 类型是以 int 为基础自定义的，它定义了一个方法 print()。

下面再看看在类型别名情况下的方法。类型别名情况下方法是保留的，但自定义的新类型方法是需要重新定义的，原方法不保留。

如果采用类型别名，下面程序可正常运行，Go 1.9 及以上版本编译通过。

```go
// GOPATH\src\go42\chapter-10\10.1\8\main.go

package main

import (
    "fmt"
)

type MyInt int
type NewInt = MyInt

func (m MyInt) print() { // 值方法
    fmt.Println("MyInt:", m)
}

func main() {
    myi := MyInt(99)
    myi.print()

    Ni := NewInt(myi)
    Ni.print()
}
```

程序输出：

```
MyInt: 99
MyInt: 99
```

但稍微修改上面代码，把 type NewInt = MyInt 改为 type NewInt MyInt，即去掉一个等号"="使得 NewInt 变为新类型，则会报程序错误：

```
Ni.print undefined (type NewInt has no field or method print)
```

因为 Ni 属于新的自定义类型 NewInt，它没有定义 print()方法，需要另外定义这个方法。

也可以像下面这样将定义好的类型作为匿名类型嵌入到一个新的结构体中。当然新方法只在这个自定义类型上有效。

```go
// GOPATH\src\go42\chapter-10\10.1\9\main.go

package main

import (
    "fmt"
)

type Human struct {
    name    string // 姓名
    Gender string // 性别
    Age     int     // 年龄
```

```
        string          // 匿名字段
    }

    type Student struct {
        Human        // 匿名字段
        Room   int // 教室
        int          // 匿名字段
    }

    func (h Human) String() { // 值方法
        fmt.Println("Human")
    }

    func (s Student) String() { // 值方法
        fmt.Println("Student")
    }

    func (s Student) Print() { // 值方法
        fmt.Println("Print")
    }

    func main() {
        stud := Student{Room: 102, Human: Human{"Hawking", "男", 14, "Monitor"}}
        stud.String()
        stud.Human.String()
    }
```

程序输出:

```
    Student
    Human
```

10.1.4 函数和方法的区别

方法相对于函数多了接收器，这是它们之间最大的区别。

函数是直接调用，而方法是作用在接收器上，方法需要类型的实例来调用。方法接收器必须有一个显式的名字，这个名字必须在方法中被使用。

当接收器是指针时，方法可以改变接收器的值（或状态），这点函数也可以做到（当参数作为指针传递，即通过引用调用时，函数也可以改变参数的状态）。

在 Go 语言中，（接收器）类型关联的方法不写在类型结构里面，就像类那样。耦合更加宽松。类型和方法之间的关联由接收器来建立。

方法没有和定义的数据类型（结构体）混在一起，方法和数据是正交的，而且数据和行为（方法）是相对独立的。

10.2 指针方法与值方法

10.2.1 指针方法与值方法的区别

有类型 T 且方法的接收器为(t T)时称为值接收器，该方法称为值方法。方法的接收器为(t *T)时称为指针接收器，该方法称为指针方法。

如果想要方法改变接收器的数据，就在接收器的指针上定义该方法。否则，就在普通的值类型上定义方法。这是指针方法和值方法最大的区别。

下面声明一个 T 类型的变量，并调用其方法 M1() 和 M2() 。

```
// GOPATH\src\go42\chapter-10\10.2\1\main.go

package main

import (
    "fmt"
)

type T struct {
    Name string
}

func (t T) M1() {
    t.Name = "name1"
}

func (t *T) M2() {
    t.Name = "name2"
}
func main() {

    t1 := T{"t1"}

    fmt.Println("M1 调用前：", t1.Name)
    t1.M1()
    fmt.Println("M1 调用后：", t1.Name)

    fmt.Println("M2 调用前：", t1.Name)
    t1.M2()
    fmt.Println("M2 调用后：", t1.Name)

}
```

程序输出：

```
M1 调用前：  t1
M1 调用后：  t1
M2 调用前：  t1
M2 调用后：  name2
```

可见，t1.M2()修改了接收器数据。

分析：

由于调用 t1.M1() 时相当于 T.M1(t1)，实参和形参都是类型 T，此时在 M1()中的 t 只是 t1 的值副本，所以 M1()的修改不影响 t1。

由于 M2()是指针方法，调用 t1.M2() 时相当于 T.M2(&t1)，因此 M2() 中的修改直接作用于指针参数 t1，会修改 t1 的数据。

上面的例子同时也说明：T 类型的变量形式上可以调用 M1() 和 M2() 这两个方法。

因为对于类型 T，如果在 *T 上存在方法 Meth()，并且 t 是这个类型的变量，那么 t.Meth() 会被自动转换为 (&t).Meth()。

下面声明一个 *T 类型的变量，并调用方法 M1() 和 M2()。

```
// GOPATH\src\go42\chapter-10\10.2\2\main.go

package main

import (
    "fmt"
)

type T struct {
    Name string
}

func (t T) M1() {
    t.Name = "name1"
}

func (t *T) M2() {
    t.Name = "name2"
}
func main() {

    t2 := &T{"t2"}

    fmt.Println("M1 调用前：", t2.Name)
    t2.M1()
    fmt.Println("M1 调用后：", t2.Name)

    fmt.Println("M2 调用前：", t2.Name)
    t2.M2()
    fmt.Println("M2 调用后：", t2.Name)

}
```

程序输出：

```
M1 调用前：   t2
M1 调用后：   t2
M2 调用前：   t2
M2 调用后：   name2
```

> 分析：
> t2.M1()相当于 M1(t2)，t2 是指针类型，取 t2 的值并复制一份传给 M1。
> t2.M2()相当于 M2(t2)，都是指针类型，不需要转换。

*T 类型的变量也可以调用 M1() 和 M2() 这两个方法。

从上面调用示例可以得知：无论声明方法的接收器是指针接收器还是值接收器，Go 语言都可以将其隐式转换为正确的方法使用。

但需要记住，值变量只拥有值方法集，而指针变量则同时拥有值方法集和指针方法集。

10.2.2 接口变量上的指针方法与值方法

无论是 T 类型变量还是*T 类型变量，都可调用值方法或指针方法。但如果是接口变量呢？这两个方法都可以调用吗？下面添加一个接口看看。

```
// GOPATH\src\go42\chapter-10\10.2\3\main.go

package main

type T struct {
    Name string
}
type Intf interface {
    M1()
    M2()
}

func (t T) M1() {
    t.Name = "name1"
}

func (t *T) M2() {
    t.Name = "name2"
}
func main() {
    var t1 T = T{"t1"}
    t1.M1()
    t1.M2()

    var t2 Intf = t1
    t2.M1()
    t2.M2()
}
```

编译不通过：

```
cannot use t1 (type T) as type Intf in assignment:
T does not implement Intf (M2 method has pointer receiver)
```

可以看到，var t2 Intf 中，t2 是 Intf 接口类型变量，t1 是 T 类型值变量。上面错误信息中已经明确了 T 没有实现接口 Intf，所以不能直接赋值。这是为什么呢？

Go 语言有关接口与方法的规则如下：

规则一：如果使用指针方法来实现一个接口，那么只有指向那个类型的指针才能够实现对应的接口。

规则二：如果使用值方法来实现一个接口，那么那个类型的值和指针都能够实现对应的接口。

按照规则一，稍微修改代码。

```
// GOPATH\src\go42\chapter-10\10.2\4\main.go
```

```
package main

type T struct {
    Name string
}
type Intf interface {
    M1()
    M2()
}

func (t T) M1() {
    t.Name = "name1"
}

func (t *T) M2() {
    t.Name = "name2"
}
func main() {

    var t1 T = T{"t1"}
    t1.M1()
    t1.M2()

    var t2 Intf = &t1
    t2.M1()
    t2.M2()
}
```

程序编译通过。综合起来看，接口类型的变量（实现了该接口的类型变量）调用方法时，需要注意方法的接收器是否真正实现了接口。结合接口类型断言，做下列测试。

```
// GOPATH\src\go42\chapter-10\10.2\5\main.go

package main

import (
    "fmt"
)

type T struct {
    Name string
}
type Intf interface {
    M1()
    M2()
}

func (t T) M1() {
    t.Name = "name1"
    fmt.Println("M1")
}
```

```
func (t *T) M2() {
    t.Name = "name2"
    fmt.Println("M2")
}
func main() {

    var t1 T = T{"t1"}

    // interface{}(t1) 先转为空接口，再使用接口断言
    _, ok1 := interface{}(t1).(Intf)
    fmt.Println("t1 => Intf", ok1)

    _, ok2 := interface{}(t1).(T)
    fmt.Println("t1 => T", ok2)
    t1.M1()
    t1.M2()

    _, ok3 := interface{}(t1).(*T)
    fmt.Println("t1 => *T", ok3)
    t1.M1()
    t1.M2()

    _, ok4 := interface{}(&t1).(Intf)
    fmt.Println("&t1 => Intf", ok4)
    t1.M1()
    t1.M2()

    _, ok5 := interface{}(&t1).(T)
    fmt.Println("&t1 => T", ok5)

    _, ok6 := interface{}(&t1).(*T)
    fmt.Println("&t1 => *T", ok6)
    t1.M1()
    t1.M2()

}
```

程序输出：

```
t1 => Intf false
t1 => T true
M1
M2
t1 => *T false
M1
M2
&t1 => Intf true
M1
M2
&t1 => T false
&t1 => *T true
M1
M2
```

执行结果表明，t1 没有实现 Intf 方法集，不是 Intf 接口类型；而&t1 则实现了 Intf 方法集，是 Intf 接口类型，可以调用相应方法。t1 这个结构体值变量本身调用值方法或者指针方法都是可以的，这是因为语法糖的存在。

10.2.3　指针接收器和值接收器的选择

按照上面的两条规则，该如何选择指针接收器和值接收器呢？

1．何时使用值类型

（1）如果接收器是一个字典，函数或者通道，则使用值类型（因为它们本身就是引用类型）。

（2）如果接收器是一个切片，并且方法不执行切片重组操作，也不重新分配内存给切片，则使用值类型。

（3）如果接收器是一个小的数组或者原生的值类型结构体类型（比如 time.Time 类型），而且没有可修改的字段和指针，又或者接收器是一个简单的基本类型（如 int 和 string），则使用值类型。

值类型的接收器可以减少一定数量的内存垃圾生成，值类型接收器一般会在栈上分配到内存（但也不一定），在没搞明白代码想干什么之前，不要为这个原因而选择值类型接收器。

2．何时使用指针类型

（1）如果方法需要修改接收器里的数据，则接收器必须是指针类型。

（2）如果接收器是一个包含了 sync.Mutex 或者类似同步字段的结构体，则接收器必须是指针，这样可以避免复制。

（3）如果接收器是一个大的结构体或者数组，那么指针类型接收器更有效率。

（4）如果接收器是一个结构体、数组或者切片，它们中任意一个元素是指针类型而且可能被修改，建议使用指针类型接收器，这样会增加程序的可读性。

最后，如果实在不知道该使用哪种接收器，那么使用指针接收器是比较稳妥的。

10.3　匿名类型的方法提升

当一个匿名类型被嵌入到结构体中时，匿名类型的可见方法也同样被内嵌，这在效果上等同于外层类型继承了这些方法。即这个机制提供了一种简单的方式来模拟经典面向对象语言中的子类和继承相关的效果。

10.3.1　匿名类型的方法调用

当嵌入一个匿名类型时，这个类型的方法就变成了外部类型的方法，但是当它的方法被调用时，方法的接收器是内部类型（嵌入的匿名类型），而非外部类型。例如：

```go
type People struct {
    Age     int
    gender string
    Name    string
}

type OtherPeople struct {
    People
}
```

```
func (p People) PeInfo() {
    fmt.Println("People ", p.Name, ": ", p.Age, "岁，性别:", p.gender)
}
```

因此，匿名类型的名字充当着字段名，同时匿名类型作为内部类型存在。可以使用下面的方式调用方法。

```
OtherPeople.People.PeInfo()
```

可以通过类型名称来访问内部类型的字段和方法。然而，这些字段和方法也同样被提升到了外部类型，可以直接访问：

```
OtherPeople.PeInfo()
```

10.3.2　方法提升规则

给定一个结构体 S 和一个类型 T，Go 语言中匿名嵌入类型的方法集提升规则如下：

（1）如果 S 包含匿名字段 T，则 S 和*S 的方法集都包含具有接收器 T 的提升方法。*S 的方法集还包含具有接收器*T 的提升方法。

（2）如果 S 包含匿名字段*T，则 S 和*S 的方法集都包含具有接收器 T 或*T 的提升方法。

注意：以上规则由于 t.Meth() 会被自动转换为 (&t).Meth() 这个语法糖，导致程序员很容易误解上面的规则不起作用，而实际上规则是有效的，在实际应用中可以留意这个问题。

通过下面代码验证以上规则。

```
// GOPATH\src\go42\chapter-10\10.3\1\main.go

package main

import (
    "fmt"
    "reflect"
)

type People struct {
    Age     int
    gender string
    Name    string
}

type OtherPeople struct {
    People
}

type NewPeople People

func (p *NewPeople) PeName(pname string) {
    fmt.Println("pold name:", p.Name)
    p.Name = pname
    fmt.Println("pnew name:", p.Name)
}

func (p NewPeople) PeInfo() {
```

```
        fmt.Println("NewPeople ", p.Name, ": ", p.Age, "岁, 性别:", p.gender)
    }

    func (p *People) PeName(pname string) {
        fmt.Println("old name:", p.Name)
        p.Name = pname
        fmt.Println("new name:", p.Name)
    }

    func (p People) PeInfo() {
        fmt.Println("People ", p.Name, ": ", p.Age, "岁, 性别:", p.gender)
    }

    func methodSet(a interface{}) {
        t := reflect.TypeOf(a)
        fmt.Printf("%T\n", a)
        for i, n := 0, t.NumMethod(); i < n; i++ {
                m := t.Method(i)
                fmt.Println(i, ":", m.Name, m.Type)
        }
    }

    func main() {
        p := OtherPeople{People{26, "Male", "张三"}}
        p.PeInfo()
        p.PeName("Joke")

        methodSet(p) // T 方法提升

        methodSet(&p) // *T 和 T 方法提升

        pp := NewPeople{42, "Male", "李四"}
        pp.PeInfo()
        pp.PeName("Haw")

        methodSet(&pp)
    }
```

程序输出：

```
    People  张三 :   26 岁, 性别: Male
    old name: 张三
    new name: Joke
    main.OtherPeople
    0 : PeInfo func(main.OtherPeople)
    *main.OtherPeople
    0 : PeInfo func(*main.OtherPeople)
    1 : PeName func(*main.OtherPeople, string)
    NewPeople  李四 :   42 岁, 性别: Male
    pold name: 李四
    pnew name: Haw
    *main.NewPeople
    0 : PeInfo func(*main.NewPeople)
    1 : PeName func(*main.NewPeople, string)
```

116

从输出可以看到，*OtherPeople 下有两个方法 PeInfo()和 PeName(string)可以调用，而 OtherPeople 只有一个方法 PeInfo()可以调用。

但是在 Go 中存在一个语法糖：

```
p.PeInfo()
p.PeName("Joke")

methodSet(p) // T 方法提升
```

虽然 P 只有一个方法 PeInfo func(main.OtherPeople)，但依然可以调用 p.PeName("Joke")。这里 Go 自动转为(&p).PeName("Joke")，其调用后结果让人以为 p 有两个方法，其实这里 p 只有一个方法。

有关内嵌字段方法集的提升，初学者需要好好留意这个规则。

自定义类型赋值接口类型的规则与内嵌类型的方法集提升规则都很重要，只有彻底弄清楚这些规则，在阅读和写代码时才能做到气定神闲。

第 11 章　面向对象与内存

11.1　面向对象

Go 语言具有类型和方法，也有接口，虽然没有类型层次结构，但也使得它能够具有面向对象的编程风格。Go 语言中接口的概念提供了一种易于使用且在某些方面更为通用的方式。也可以通过一些手段在其他类型中嵌入类型，以提供类似但不完全相同的子类化类型。此外，Go 语言中的方法比 C++或 Java 更通用，可以为任何类型的数据定义方法，它们不限于结构体（类）。

不过缺少类型层次结构使得 Go 中的"对象"比 C++或 Java 等语言更轻量级，一般不必刻意在 Go 中追求面向对象的编程。

11.1.1　Go 语言中的面向对象

Go 语言没有类概念，而是松耦合的类型、方法以及接口的实现。

面向对象语言最重要的三个方面分别是封装、继承和多态，在 Go 中它们是怎样表现的呢？

Go 语言实现面向对象的两个关键是结构体和接口，类型（主要是结构体）代替了类，因为 Go 语言不提供类，但提供了结构体或自定义类型，方法可以被添加到结构体或自定义类型中。结构体之间可以嵌套，类似继承。而 interface 可以定义接口，从而实现多态。

1．封装（数据隐藏）

Go 语言的封装：

（1）标识符首字母小写，对象只在它所在的包范围内可见。

（2）标识符首字母大写，对象对所在包以外也可见，类型只拥有自己所在包中定义的方法。

2．继承

Go 语言中没有显式的继承，而是通过组合实现继承，内嵌（聚合）一个（或多个）想要的数据（自定义类型）或者行为（接口），多重继承可以通过内嵌多个自定义数据类型实现。

3．多态

多态是运行时特性，而继承则是编译时特征。也就是说，继承关系在编译时就已经确定了，而多态则可以实现运行时的动态绑定。Go 语言用接口实现多态，某个类型的实例可以赋给它所实现的任意接口类型的变量。类型和接口是松耦合的，并且多重继承可以通过实现多个接口实现。Go 语言接口间是不相关的，这是大规模编程和可适应的演进型设计的关键。但 Go 语言不支持函数的重载。

另外 Go 没有构造函数，如果一定要在初始化对象的时候进行一些工作的话，可以自行封装产生实例的方法。实例化的时候可以初始化属性值，如果没有指明则默认为系统默认值。加&符号和 new 的是指针对象，没有的则是值对象，在传递对象的时候要根据实际情况来决定是要传递指针还是值。

11.1.2　多重继承

多重继承指的是一个类可以同时从多于一个的父类那里继承行为和特征。大部分面向对象语言并没有实现多重继承。因为多重继承会给编译器引入额外的复杂度。但是在 Go 语言中，可以通过在类型中嵌入所有必要的类型，很简单地实现多重继承。

方法重载指的是一个类中可以有相同的函数名称，但是它们的参数是不一致的，在 Java 和 C++中这种做法普遍存在。Go 语言中如果尝试这么做会报重新声明（redeclared）错误，但是 Go 语言的函数可以声明不定参数，这非常方便。例如：

```
func Println(a ...interface{}) (n int, err error) {
    return Fprintln(os.Stdout, a...)
}
```

其中 a...interface{}表示参数不定长度的意思。如果要根据不同的参数实现不同的功能，可以在方法内检测传递的参数。

11.2　指针和内存

11.2.1　指针

一个指针变量可以指向任何一个值的内存地址。指针变量在 32 位计算机上占用 4B 内存，在 64 位计算机上占用 8B 内存，并且与它所指向的值的大小无关，因为指针变量只是地址的值而已。可以声明指针指向任何类型的值来表明它的原始性或结构性，也可以在指针类型前面加上*号（前缀）来获取指针所指向的内容。

在 Go 语言中，指针类型表示指向给定类型（称为指针的基本类型）的变量的所有指针的集合。符号 * 可以放在一个类型前，如*T，那么它将以类型 T 为基础，生成指针类型*T。未初始化指针的值为 nil。例如：

```
type Point3D struct{ x, y, z float64 }
var pointer *Point3D
var i *[4]int
```

上面定义了两个指针类型变量。它们的值为 nil，这时对它们的反向引用是不合法的，并且会使程序崩溃：

```
xx := (*pointer).x
panic: runtime error: invalid memory address or nil pointer dereference
```

符号 * 可以放在一个指针前，如（*pointer），那么它将得到这个指针指向地址上所存储的值，这称为反向引用。不过在 Go 语言中，(*pointer).x 可以简写为 pointer.x。

对于任何一个变量 var，表达式 var ＝ *(&var)都是正确的。

注意：不能得到一个数字或常量的地址，下面的写法是错误的：

```
const i = 5
ptr := &i // 错误：不能得到常量的地址
ptr2 := &10 // 错误：不能得到数字的地址
```

虽然 Go 语言和 C、C++这些语言一样，都有指针的概念，但是指针运算在语法上是不允许的。这样做的目的是保证内存安全。从这一点看，Go 语言的指针基本就是一种引用。

指针的一个高级应用是可以传递一个变量的引用（如函数的参数），这样不会传递变量的副本。当调用函数时，如果参数为基础类型，传进去的是值，也就是另外复制了一份参数到当前的函数调用栈。参数为引用类型时，传进去的基本都是引用。而指针传递的成本很低，只占用 4B 或 8B 内存。

如果代码在运行中需要占用大量的内存或很多变量，或者两者都有，这时使用指针会减少内存占用和提高运行效率。被指向的变量保存在内存中，直到没有任何指针指向它们。所以从它们被创建开始就具有相互独立的生命周期。

内存管理中的内存区域一般包括堆内存（heap）和栈内存（stack），栈内存主要用来存储当前调用栈用到的简单类型数据，如 string，bool，int，float 等。这些类型基本上较少占用内存，容易回收，因此可以直接复制，进行垃圾回收时也比较容易做针对性的优化。而复杂的复合类型占用的内存往往相对较大，存储在堆内存中，回收频率相对较低，代价也较大，因此传引用或指针可以避免进行成本较高的复制操作，并且节省内存，提高程序运行效率。

因此，在需要改变参数的值或者避免复制大批量数据而节省内存时（也会提高运行效率，毕竟大批量复制也耗费时间）都会选择使用指针。

另一方面，指针的频繁使用也会导致性能下降。指针也可以指向另一个指针，并且可以进行任意深度的嵌套，形成多级的间接引用，但会使代码结构不清晰。

在大多数情况下，Go 语言可以使程序员轻松创建指针，并且隐藏间接引用，如：自动反向引用。

Go 语言指针的使用方法是：
- 定义指针变量。
- 为指针变量赋值。
- 访问指针变量中指向地址的值。
- 在指针类型前面加上*来获取指针所指向的内容。

例如：

```
// GOPATH\src\go42\chapter-11\11.2\1\main.go

package main

import "fmt"

func main() {
    var a, b int = 20, 30 // 声明实际变量
    var ptra *int          // 声明指针变量
    var ptrb *int = &b

    ptra = &a // 指针变量的存储地址

    fmt.Printf("a  变量的地址是: %x\n", &a)
    fmt.Printf("b  变量的地址是: %x\n", &b)

    // 指针变量的存储地址
    fmt.Printf("ptra  变量的存储地址: %x\n", ptra)
    fmt.Printf("ptrb  变量的存储地址: %x\n", ptrb)

    // 使用指针访问值
```

```
            fmt.Printf("*ptra    变量的值: %d\n", *ptra)
            fmt.Printf("*ptrb    变量的值: %d\n", *ptrb)
        }
```

程序输出：

```
    a    变量的地址是: c00000c168
    b    变量的地址是: c00000c180
    ptra    变量的存储地址: c00000c168
    ptrb    变量的存储地址: c00000c180
    *ptra    变量的值: 20
    *ptrb    变量的值: 30
```

11.2.2　new()和 make()的区别

new()和 make()都在堆上分配内存，但是它们的行为不同，适用于不同的类型。

new()用于值类型的内存分配，并且置为零值。

make()只用于切片、字典以及通道这三种引用数据类型的内存分配和初始化。

new(T) 分配类型 T 的零值并返回其地址，也就是指向类型 T 的指针。

make(T) 返回类型 T 的值（不是*T）。

然而在 Go 语言中，我们并不能准确判断变量是分配到栈还是堆上。在 C++中，使用 new 创建的变量总是在堆上。在 Go 中变量的位置是由编译器决定的。编译器根据变量的大小和泄露（逃逸）分析的结果来决定其位置。

如果想确切知道变量分配的位置，可在执行 go build 或 go run 时加上-m 标志（如 go run -gcflags -m app.go）。例如：

```
            go run -gcflags -m main.go
            # command-line-arguments
            .\main.go:12:31: m.Alloc / 1024 escapes to heap
            .\main.go:11:23: main &m does not escape
            .\main.go:12:12: main ... argument does not escape
```

11.2.3　垃圾回收

Go 语言开发者一般不需要通过写代码来释放不再使用的变量或对象占用的内存，在 Go 语言运行时有垃圾回收器（GC）专门来处理这些事情，它搜索不再使用的变量然后释放它们占用的内存，这是自动垃圾回收。

还有一种是主动垃圾回收，通过显式调用 runtime.GC() 函数可以显式地触发垃圾回收，这在某些场景下非常有用。当内存资源不足时调用 runtime.GC()，此函数的执行会让系统立即释放不再使用的变量或对象占用的内存。

垃圾回收过程中重要的函数 func SetFinalizer(obj interface{}, finalizer interface{})有两个参数，参数一：obj 必须是指针类型。参数二：finalizer 是一个函数，其参数类型是 obj 的类型，其没有返回值。

下面代码中的 func (p *Person) NewOpen()方法在某些情况下非常有必要这样处理，例如对某些资源占用的申请，使用完后开发人员可能忘记使用 defer Close()来销毁这些资源占用，但如果在申请资源的代码中预先设定好 runtime 包中的函数 func SetFinalizer(obj interface{}, finalizer interface{})，则自动垃圾回收或者手动垃圾回收时，都能及时销毁这些资源，释放占用的内存而

深入学习 Go 语言

避免内存泄露。例如：

```
// // GOPATH\src\go42\chapter-11\11.2\2\main.go

package main

import (
    "log"
    "runtime"
    "time"
)

type Person struct {
    Name string
    Age    int
}

func (p *Person) Close() {
    p.Name = "NewName"
    log.Println(p)
    log.Println("Close")
}

func (p *Person) NewOpen() {
    log.Println("Init")
    runtime.SetFinalizer(p, (*Person).Close)
}

func Tt(p *Person) {
    p.Name = "NewName"
    log.Println(p)
    log.Println("Tt")
}
// 查看内存情况
func Mem(m *runtime.MemStats) {
    runtime.ReadMemStats(m)
    log.Printf("%d Kb\n", m.Alloc/1024)
}

func main() {
    var m runtime.MemStats
    Mem(&m)

    var p *Person = &Person{Name: "lee", Age: 4}
    p.NewOpen()
    log.Println("Gc 完成第一次")
    log.Println("p:", p)
    runtime.GC()
    time.Sleep(time.Second * 5)
    Mem(&m)

    var p1 *Person = &Person{Name: "Goo", Age: 9}
    runtime.SetFinalizer(p1, Tt)
```

122

```
        log.Println("Gc 完成第二次")
        time.Sleep(time.Second * 2)
        runtime.GC()
        time.Sleep(time.Second * 2)
        Mem(&m)


    }
```

  另外，在 GO 语言中，有一个环境变量参数 GOGC 用于垃圾回收性能微调，该变量设置初始垃圾回收百分比，默认值为 GOGC = 100。当新分配的内存与上一次垃圾回收后剩余的实时数据的比率达到此百分比时，将触发内存垃圾回收。例如垃圾回收后当前程序使用了 2MB 内存，当程序占用的内存达到 (1+GOGC/100) MB 的 2 倍即 4MB 的时候，垃圾回收就会被再次触发，开始进行相关的垃圾回收操作。

  开发人员可根据生产情况的实际场景来设置 GOGC 参数，例如 60 或是默认 100，显然垃圾回收的频率肯定是后者要低。

第12章 并发处理

12.1 协程

在 Go 语言中，协程（goroutine）用来进行并发处理，它可以进行更有效的并发运算。协程和操作系统线程之间并无一对一的关系。协程是轻量级的，比线程更轻。

12.1.1 协程与并发

并发（concurrency）指的是程序的逻辑结构。如程序代码结构中的某些函数逻辑上可以同时运行，但物理上未必会同时运行。

并行是指程序的运行状态。在物理层面也就是使用了不同 CPU 同时在执行不同或者相同的任务。

并发是在同一时间处理（dealing with）多件事情。并行是在同一时间做（doing）多件事情。并发的目的在于把单个 CPU 的利用率使用到最高。并行则需要多核 CPU 的支持。

Go 语言在语言层面上支持并发。协程（goroutine）是 Go 语言提供的一种用户态线程。协程在某种程度上也可以叫作轻量线程，它不由系统而由应用程序创建和管理，因此使用开销较低（一般为 4KB）。当创建很多的协程，并且它们运行在同一个内核线程之上的时候，就需要一个调度器来维护这些协程，确保它们都能使用 CPU，并且是尽可能公平地使用 CPU 资源。

调度器主要有 4 个重要部分，分别是 M、G、P、Sched。

- M (work thread)：M 代表系统线程（OS Thread），由操作系统管理。
- P (processor)：P 衔接 M 和 G 的调度上下文，负责将等待执行的 G 与 M 对接。P 的数量可以通过 GOMAXPROCS()来设置，它其实也就代表了真正的并发度，即有多少个协程可以同时运行。
- G(goroutine)：G 是协程的实体，包括了调用栈，处理重要的调度信息，例如 channel 等。

在操作系统的 OS Thread 和编程语言的 User Thread 之间，实际上存在三种线程对应模型，即 1:1，N:1 和 M:N。

N:1 表示多个（N）用户线程始终在一个内核线程上运行，上下文切换很快，但是无法真正利用多核。

1:1 表示一个用户线程只在一个内核线程上运行，这时可以利用多核，但是上下文切换很慢，切换效率很低。

M:N 表示多个协程在多个内核线程上运行，它可以集齐上面两者的优势，但是无疑增加了调度的难度。多个协程可以在多个 OS threads 上处理。既能快速切换上下文，也能利用多核的优势，而 Go 语言选择了这种实现方式。

Go 语言中的协程是运行在多核 CPU 中的（通过 runtime.GOMAXPROCS(1)设定 CPU 核数）。实际中运行的 CPU 核数未必等于实际物理 CPU 数。

每个 goroutine 都会被一个特定的 P（某个 CPU）选定维护，而 M（物理计算资源）每次挑选一个有效 P，然后执行 P 中的协程。

每个 P 会将自己所维护的协程放到一个 G 队列中，其中就包括了协程堆栈信息，是否可执行信息等。

默认情况下，P 的数量与实际物理 CPU 的数量相等。当通过循环来创建协程时，协程会被分配到不同的 G 队列中。而 M 的数量不是唯一的，当 M 随机挑选 P 时，也就相当于随机挑选了协程。

所以，当碰到多个协程的执行顺序不是我们想象的顺序时就可以理解了，因为协程进入 P 管理的队列 G 是随机的。

P 的数量由 runtime.GOMAXPROCS(1)设定，通常它是和内核数对应的，例如在 4 核的服务器上会启动 4 个线程。G 会有很多个，每个 P 会将 goroutine 从一个就绪的队列中做出栈操作。为了减小锁的竞争，通常情况下每个 P 会负责一个队列。例如：

```
runtime.NumCPU()              // 返回当前 CPU 内核数
runtime.GOMAXPROCS(2)         // 设置运行时最大可执行 CPU 数
runtime.NumGoroutine()        // 当前正在运行的 goroutine 数
```

P 维护着这个队列（称为 runqueue）。Go 语言里，启动一个 goroutine 很容易，执行 go function 就行，所以每有一个 go 语句执行，runqueue 队列就在其末尾加入一个 goroutine，在下一个调度点，就从 runqueue 中取出一个 goroutine 执行。

假如有两个 M，即两个 OS Thread，分别对应一个 P，每一个 P 调度一个 G 队列。如此一来，就组成了 goroutine 运行时的基本结构：

- 当有一个 M 返回时，必须尝试取得一个 P 来运行协程，一般情况下，它会从其他的内核态线程那里截取一个 P 过来，如果没有拿到，就把协程放在一个 global runqueue 里，然后自己进入线程缓存。
- 如果某个 P 所分配的任务 G 很快就执行完了，这会导致多个队列存在不平衡，会从其他队列中截取一部分协程到 P 上进行调度。一般来说，如果 P 从其他的 P 那里取任务的话，会取 runqueue 的一半，这就确保了每个内核态线程都能充分使用。
- 当一个内核态线程被阻塞时，P 可以转而投奔另一个内核态线程。

可以运行下面的代码，通过设定 runtime.GOMAXPROCS(2)，即手动指定 CPU 运行的核数，来体验多核 CPU 在并发处理时的威力。不得不提，递归函数的计算很费 CPU 和内存，运行时可以根据计算机配置修改循环或递归数量。

```go
// GOPATH\src\go42\chapter-12\12.1\1\main.go

package main

import (
    "fmt"
    "runtime"
    "sync"
    "time"
)

var quit chan int = make(chan int)

func loop() {
    for i := 0; i < 1000; i++ {
```

```
                Factorial(uint64(1000))
        }
        quit <- 1
}
func Factorial(n uint64) (result uint64) {
        if n > 0 {
                result = n * Factorial(n-1)
                return result
        }
        return 1
}

var wg1, wg2 sync.WaitGroup

func main() {
    fmt.Println("1:", time.Now())
    fmt.Println(runtime.NumCPU()) // 默认 CPU 核数
    a := 5000
    for i := 1; i <= a; i++ {
            wg1.Add(1)
            go loop()
    }

    for i := 0; i < a; i++ {
            select {
            case <-quit:
                    wg1.Done()
            }
    }
    fmt.Println("2:", time.Now())
    wg1.Wait()

    fmt.Println("3:", time.Now())
    runtime.GOMAXPROCS(2) // 设置执行使用的核数
    a = 5000
    for i := 1; i <= a; i++ {
            wg2.Add(1)
            go loop()
    }

    for i := 0; i < a; i++ {
            select {
            case <-quit:
                    wg2.Done()
            }
    }

    fmt.Println("4:", time.Now())
    wg2.Wait()
    fmt.Println("5:", time.Now())
}
```

作者的测试计算机 CPU 默认是 4 核，对比手动设置 CPU 在 2 核时的运行耗时，4 核耗时约 8s，2 核约 14s，当然这是一种理想化的测试，因为阶乘运算很快导致 unit64 溢出为 0，所以这个测试并不严谨，但从中仍然可以体会到 Go 语言在处理并发时代码之简单，控制之方便。

在实际中，运行速度延缓不一定仅仅是由于 CPU 的竞争，可能还有内存或者 I/O 的原因，需要根据情况仔细分析。

最后，runtime.Gosched()用于让出 CPU 时间片，让出当前 goroutine 的执行权限，调度器安排其他等待的任务运行，并在下次某个时候从该位置恢复执行。

12.1.2　协程使用

在 Go 语言中，协程的使用很简单，直接在函数（代码块）前加上关键字 go 即可。go 关键字用来创建一个协程，后面的代码块就是这个协程需要执行的代码逻辑。例如：

```
// GOPATH\src\go42\chapter-12\12.1\2\main.go

package main

import (
    "fmt"
    "time"
)

func main() {
    for i := 1; i < 10; i++ {
            go func(i int) {
                        fmt.Println(i)
            }(i)
    }
    // 暂停一会儿，保证打印全部结束
    time.Sleep(1e9)
}
```

time.Sleep(1e9)让主程序不会马上退出，以便让协程运行完成，避免主程序退出时协程未处理完成甚至没有开始运行。

关于协程之间的通信以及协程与主线程的控制以及多个协程的管理和控制，后面会通过通道、上下文（context）以及锁来进一步说明。

12.2　通道（channel）

Go 语言通过通信来共享内存，而不是共享内存来通信。通道是协程通信的通道，协程之间可以通过它收发消息。

通道是进程内的通信方式，因此通过通道传递对象的过程和调用函数时的参数传递行为比较一致，例如也可以传递指针等。

通道是类型相关的，一个通道只能传递（发送或接收）一种类型的值，这个类型需要在声明通道时指定。

默认情况下，通道发送消息和接收消息都是阻塞的（叫作无缓冲的通道）。

通道是一种数据类型，可使用内置函数 make()建立一个通道。

```
var channel chan int = make(chan int)
// 或
```

```
channel := make(chan int)
```

Go 语言中通道有三种：发送（send）、接收（receive）、同时发送和接收。

```
// 定义接收的 channel
receive_only := make (<-chan int)
```

```
// 定义发送的 channel
send_only := make (chan<- int)
```

```
// 可同时发送接收
send_receive := make (chan int)
```

■ chan<- 表示数据进入通道，要把数据写进通道，对于调用者就是发送。

■ <-chan 表示数据从通道出来，对于调用者就是得到通道的数据，当然就是接收。

定义只发送或只接收的通道意义不大，一般用在参数传递中。

下面看一段代码。

```go
// GOPATH\src\go42\chapter-12\12.2\1\main.go

package main

import (
    "fmt"
    "time"
)

func main() {
    c := make(chan int) // 不使用带缓冲区的 channel
    go send(c)
    go recv(c)
    time.Sleep(3 * time.Second)
close(c)
}

// 只能向 chan 里发送数据
func send(c chan<- int) {
    for i := 0; i < 10; i++ {

            fmt.Println("send readey ", i)
            c <- i
            fmt.Println("send ", i)
    }
}

// 只能接收 channel 中的数据
func recv(c <-chan int) {
    for i := range c {
            fmt.Println("received ", i)
    }
}
```

程序输出：

```
send readey   0
send    0
send readey   1
received   0
received   1
send   1
send readey   2
send   2
send readey   3
received   2
received   3
send   3
send readey   4
send   4
send readey   5
received   4
received   5
send   5
send readey   6
send   6
send readey   7
received   6
received   7
send   7
send readey   8
send   8
send readey   9
received   8
received   9
send   9
```

从运行结果可以发现一个现象，往通道发送数据后，如果这个数据没有取走，通道是阻塞的，也就是不能继续向通道里面发送数据。上面代码中，因为没有指定通道缓冲区的大小，所以默认是阻塞的。

可以建立带缓冲区的通道：

```
c := make(chan int, 1024)
```

把前面的程序修改如下：

```go
// GOPATH\src\go42\chapter-12\12.2\2\main.go

package main

import (
    "fmt"
    "time"
)

func main() {
    c := make(chan int, 10) // 使用带缓冲区的 channel
    go send(c)
```

```
        go recv(c)
        time.Sleep(3 * time.Second)
        close(c)
}

// 只能向 chan 里发送数据
func send(c chan<- int) {
    for i := 0; i < 10; i++ {

            fmt.Println("send readey ", i)
            c <- i
            fmt.Println("send ", i)
    }
}

// 只能接收 channel 中的数据
func recv(c <-chan int) {
    for i := range c {
            fmt.Println("received ", i)
    }
}
```

程序输出：

```
send readey   0
send    0
send readey   1
send    1
send readey   2
send    2
send readey   3
send    3
send readey   4
send    4
send readey   5
send    5
send readey   6
send    6
send readey   7
send    7
send readey   8
send    8
send readey   9
send    9
received    0
received    1
received    2
received    3
received    4
received    5
received    6
received    7
```

received   8
received   9

从运行结果可以看到带有缓冲区的通道，在缓冲区有数据而未填满前，读取不会出现阻塞的情况。

■ 无缓冲的通道（unbuffered channel）是指在接收前不能保存任何值的通道。

这种类型的通道要求发送方（协程）和接收方（协程）同时准备好，才能完成发送和接收操作。如果发送和接收两个协程没有同时准备好，通道会导致先执行发送或接收操作的协程阻塞等待。

这种对通道进行发送和接收操作的通信要求一定是同步的，否则就会发生阻塞。

■ 有缓冲的通道（buffered channel）是一种数据在被接收前能存储一个或多个值的通道。

这种通道不会强制要求协程之间必须同时完成发送和接收操作。导致通道阻塞的发送和接收动作的条件也会不同。只有在通道中没有要接收的值时，接收动作才可能会阻塞。只有在通道没有可用缓冲区被发送的值填充时，发送动作才会阻塞。

这就导致有缓冲的通道和无缓冲的通道之间有一个很大的不同：无缓冲的通道保证进行发送和接收的协程会在同一时间进行数据交换；有缓冲的通道没有这种保证。

如果对通道给定一个缓冲区容量，通道就是异步的。只要通道缓冲区有未使用空间用于发送数据，或还包含可以接收的数据，那么其通信就会无阻塞地进行。

可以通过内置的 close()函数来关闭通道。

■ 通道不像文件一样需要经常关闭，只有当你确实没有任何发送数据或者想显式地结束循环，才应关闭通道。

■ 关闭通道后，无法向通道再发送数据（引发（运行时异常）后导致接收立即返回零值）。

■ 关闭通道后，可以继续向通道接收数据，不能继续发送数据。

■ 对于 nil 通道，无论收发都会被阻塞。

例如：

```
// GOPATH\src\go42\chapter-12\12.2\3\main.go

package main

import (
    "fmt"
)

func main() {
    c1 := make(chan int, 1)
    c1 <- 100
    close(c1)
    fmt.Println(<-c1) // 通道关闭后可正常接收数据

    c1 <- 100 // 通道关闭后发送数据会引发 panic
}
```

12.3 同步与锁

在并发条件下，信息的同步要求用户必须用锁的机制来保证准确性。在 Java 中，可以使用

synchronized 悲观锁，也可以使用 CAS 操作。Go 语言提供了类似的包供开发者使用。

12.3.1 互斥锁

Go 语言包中的 sync 包提供了两种锁类型：sync.Mutex 和 sync.RWMutex，前者是互斥锁，后者是读写锁。

互斥锁是传统的并发程序对共享资源进行访问控制的主要手段，在 Go 语言中，更推崇使用通道来实现资源共享和通信。互斥锁由标准库 sync 包中的 Mutex 结构体类型实现，只有两个公开方法：调用 Lock() 获得锁和调用 Unlock() 释放锁。

- 同一个协程中同步调用使用 Lock() 加锁后，不能再对其加锁，否则会引发运行时异常。只能在 Unlock() 之后再次 Lock()。多个协程中异步调用 Lock() 没问题，但每个协程只能调用一次 Lock()。由于多个协程之间产生了锁竞争，因此不会有运行时异常。互斥锁适用于只允许有一个读或者写的场景，所以该锁也叫作全局锁。
- Unlock() 用于解锁，如果在使用 Unlock() 前未加锁，就会引起一个运行错误。已经锁定的 Mutex 并不与特定的协程相关联，这样可以利用一个协程对其加锁，再利用其他协程对其解锁。

下面看一段代码。

```
// GOPATH\src\go42\chapter-12\12.3\1\main.go

package main

import (
    "fmt"
    "sync"
    "time"
)

var mutex sync.Mutex

func LockA() {
    mutex.Lock()
    fmt.Println("Lock in A")
    LockB()
    time.Sleep(5)
    fmt.Println("Wake up in A")
    mutex.Unlock()
    fmt.Println("UnLock in A")
}
func LockB() {
    fmt.Println("B")
    mutex.Lock()
    fmt.Println("Lock in B")
    mutex.Unlock()
    fmt.Println("UnLock in B")
}
func main() {
    LockA()
    time.Sleep(10)
}
```

LockA 中有 Lock()，LockB 中也有 Lock()，LockB 的 Lock()运行时，锁还没有 UnLock()，程序发生 panic。这是在同步调用互斥锁中常见的问题，一般在一对互斥锁中间不要调用其他函数，即使要用也尽量采用异步的方式。

可以试试把 LockA 的 LockB() 调用改为 go LockB()。

建议：同一个互斥锁的成对锁定和解锁操作可以放在同一层次的代码块中。使用互斥锁的经典模式如下所示：

```
var lck sync.Mutex
func foo() {
    lck.Lock()
    defer lck.Unlock()
    // ...
}
```

lck.Lock()会阻塞直到获取锁，然后利用 defer 语句在函数返回时自动释放锁。

下面代码通过三个协程来体现 sync.Mutex 对资源的访问控制特征。

```
// GOPATH\src\go42\chapter-12\12.3\2\main.go

package main

import (
    "fmt"
    "sync"
    "time"
)

func main() {
    wg := sync.WaitGroup{}

    var mutex sync.Mutex
    fmt.Println("Locking   (G0)")
    mutex.Lock()
    fmt.Println("locked (G0)")
    wg.Add(3)

    for i := 1; i < 4; i++ {
        go func(i int) {
            fmt.Printf("Locking (G%d)\n", i)
            mutex.Lock()
            fmt.Printf("locked (G%d)\n", i)

            time.Sleep(time.Second * 2)
            mutex.Unlock()
            fmt.Printf("unlocked (G%d)\n", i)
            wg.Done()
        }(i)
    }

    time.Sleep(time.Second * 5)
    fmt.Println("ready unlock (G0)")
    mutex.Unlock()
```

```
            fmt.Println("unlocked (G0)")

            wg.Wait()
    }
```

程序输出：

```
    Locking   (G0)
    locked (G0)
    Locking (G1)
    Locking (G3)
    Locking (G2)
    ready unlock (G0)
    unlocked (G0)
    locked (G1)
    unlocked (G1)
    locked (G3)
    locked (G2)
    unlocked (G3)
    unlocked (G2)
```

通过程序执行结果可以看到，当有锁释放时，才能进行加锁动作，当 G0 的锁释放时，等待加锁的 G1,G2,G3 都会竞争加锁的机会，这里是 G1 抢到加锁的机会。

Mutex 也可以作为结构体的一部分，这样结构体在被多线程处理时数据安全才有保障。例如：

```
// GOPATH\src\go42\chapter-12\12.3\3\main.go

package main

import (
    "fmt"
    "sync"
    "time"
)

type Book struct {
    BookName string
    L         *sync.Mutex
}

func (bk *Book) SetName(wg *sync.WaitGroup, name string) {
    defer func() {
            fmt.Println("Unlock set name:", name)
            bk.L.Unlock()
            wg.Done()
    }()

    bk.L.Lock()
    fmt.Println("Lock set name:", name)
    time.Sleep(1 * time.Second)
    bk.BookName = name
}
```

```
func main() {
    bk := Book{}
    bk.L = new(sync.Mutex)
    wg := &sync.WaitGroup{}
    books := []string{"《三国演义》", "《道德经》", "《西游记》"}
    for _, book := range books {
        wg.Add(1)
        go bk.SetName(wg, book)
    }

    wg.Wait()
}
```

程序输出：

```
Lock set name: 《西游记》
Unlock set name: 《西游记》
Lock set name: 《三国演义》
Unlock set name: 《三国演义》
Lock set name: 《道德经》
Unlock set name: 《道德经》
```

12.3.2　读写锁

读写锁是多读单写互斥锁，分别针对读操作和写操作进行锁定和解锁操作，经常用于读次数远远多于写次数的场合。在 Go 语言中，读写锁由结构体类型 sync.RWMutex 实现。

基本遵循原则：

- 写锁定情况下，对读写锁进行读锁定或者写锁定，都将阻塞，而且读锁与写锁之间是互斥的。
- 读锁定情况下，对读写锁进行写锁定，将阻塞；加读锁时不会阻塞，即可多读。
- 对未被写锁定的读写锁进行写解锁，会引发运行时异常。
- 对未被读锁定的读写锁进行读解锁时也会引发运行时异常。
- 写解锁在进行的同时会试图唤醒所有因进行读锁定而被阻塞的协程。
- 读解锁在进行的时候则会试图唤醒一个因进行写锁定而被阻塞的协程。

与互斥锁类似，sync.RWMutex 类型的零值就已经是立即可用的读写锁了。在此类型的方法集合中提供了四个方法：

```
func (*RWMutex) Lock // 写锁定
func (*RWMutex) Unlock // 写解锁

func (*RWMutex) RLock // 读锁定
func (*RWMutex) RUnlock // 读解锁
```

有关读写锁的实际情况，看看下面代码：

```
// GOPATH\src\go42\chapter-12\12.3\4\main.go

package main

import (
    "fmt"
    "sync"
```

```
        "time"
    )

    var m *sync.RWMutex

    func main() {
        wg := sync.WaitGroup{}
        wg.Add(20)
        var rwMutex sync.RWMutex
        Data := 0
        for i := 0; i < 10; i++ {
            go func(t int) {
                rwMutex.RLock()
                defer rwMutex.RUnlock()
                fmt.Printf("读数据: %v %d\n", Data, i)
                wg.Done()
                time.Sleep(1 * time.Second)
                // 这句代码第一次运行后，读解锁。
                // 循环到第二个时，读锁定后，这个 goroutine 就没有阻塞，同时读成功。
            }(i)

            go func(t int) {
                rwMutex.Lock()
                defer rwMutex.Unlock()
                Data += t
                fmt.Printf("写数据: %v %d \n", Data, t)
                wg.Done()

                // 对读写锁进行读锁定或者写锁定，都将阻塞。写锁定下是需要解锁后才能写的。
                time.Sleep(5 * time.Second)
            }(i)
        }
        wg.Wait()
    }
```

通过程序运行的输出可以看到，在写锁定情况下，对读写锁进行读锁定或者写锁定，都将阻塞。为了体现这个特性，可以把写数据中的 Sleep 设置更长时间，在第一次写锁定后，读数据也没有进行。

再次写锁定是在 rwMutex.Unlock()完成后，才能进行 rwMutex.lock()。而读数据时则可以多次读，不一定需要等 rwMutex.RUnlock()完成。

12.3.3　sync.WaitGroup

WaitGroup 用于线程总同步。它等待一组线程集合完成，才会继续向下执行。 主线程调用 Add()方法来设置等待的协程数量。然后每个协程运行，并在完成后调用 Done()方法。同时，Wait()方法用来阻塞主线程，直到所有协程完成才会向下执行。Add(-1)和 Done()效果一致，都表示等待的协程数量减少一个。例如：

```
// GOPATH\src\go42\chapter-12\12.3\5\main.go

package main
```

```
import (
    "fmt"
    "sync"
)

func main() {
    var wg sync.WaitGroup
    for i := 0; i < 10; i++ {
        wg.Add(1)
        go func(t int) {
            defer wg.Done()
            fmt.Println(t)
        }(i)
    }
    wg.Wait()
}
```

12.3.4　sync.Once

sync.Once.Do(f func())能保证 Do()方法只执行一次。对只需要运行一次的代码，如全局性的初始化操作，或者防止多次重复执行（比如重复提交等）都有很好的作用。例如：

```
// GOPATH\src\go42\chapter-12\12.3\6\main.go

package main

import (
    "fmt"
    "sync"
    "time"
)

var once sync.Once

func main() {

    for i, v := range make([]string, 10) {
        once.Do(onces)
        fmt.Println("v:", v, "---i:", i)
    }

    for i := 0; i < 10; i++ {

        go func(i int) {
            once.Do(onced)
            fmt.Println(i)
        }(i)
    }
    time.Sleep(10)
}
func onces() {
    fmt.Println("once")
```

```
    }
func onced() {
    fmt.Println("onced")
    }
```

上述代码在第一个循环中，once.Do(onces) 只执行了一次，而同样循环 10 次，once.Do(onced) 根本没有执行。所以无论 sync.Once.Do(f func()) 里面的 f 函数是否有变化，只要 Once.Do() 运行一次就没有机会再次运行了。

Once 是一个结构体，通过判断 done 值来确定是否执行下一步，当 done 为 1 时直接返回，否则锁定后执行 f 函数以及置 done 值为 1。而对 done 的值的修改使用了 atomic.StoreUint32（原子级的操作）。即：

```
type Once struct {
    m    Mutex
    done uint32
}
```

12.3.5 sync.Map

随着 Go 1.9 的发布，Go 语言增加了一个新的特性，sync.Map，它原生支持并发安全的字典。原有普通字典并不线程安全（或者说并发安全），一般情况下还可以继续使用它。只有在涉及线程安全时才考虑 sync.Map，而且 sync.Map 的使用和字典有较大差异，怎么选择还是看情况再做决定。例如：

```
// GOPATH\src\go42\chapter-12\12.3\7\main.go

package main

import (
    "fmt"
    "sync"
)

func main() {
    var m sync.Map

    // Store 保存数据
    m.Store("name", "Joe")
    m.Store("gender", "Male")

    // LoadOrStore
    //若 key 不存在，则存入 key 和 value，返回 false 和输入的 value
    v, ok := m.LoadOrStore("name1", "Jim")
    fmt.Println(ok, v) //false Jim

    //若 key 已存在，则返回 true 和 key 对应的 value，不会修改原来的 value
    v, ok = m.LoadOrStore("name", "aaa")
    fmt.Println(ok, v) //true Joe

    // Load 读取数据
    v, ok = m.Load("name")
```

```
        if ok {
                fmt.Println("key 存在，值是：  ", v)
        } else {
                fmt.Println("key 不存在")
        }

        // Range 遍历
        // 遍历 sync.Map
        f := func(k, v interface{}) bool {
                fmt.Println(k, v)
                return true
        }
        m.Range(f)

        // Delete 删除 key 及数据
        m.Delete("name1")
        fmt.Println(m.Load("name1"))

}

//程序运行输出：
false Jim
true Joe
key 存在，值是：    Joe
name Joe
gender Male
name1 Jim
<nil> false
```

　　由于 sync.Map 的 Load()方法读取数据时，返回值是空接口类型，所以在使用 Load()方法读取到的数据时需要做类型转换，同样 sync.Map 也是采用了原子级的操作来保证线程安全。"原子"在这里意味着，读取值时当前计算机中的任何 CPU 都不会进行其他的针对此值的读或写操作，这样的约束是受到底层硬件的支持的。

　　在 Go 语言中，sync/atomic 包中定义了系列原子操作，即：增或减、比较并交换、载入、存储和交换等，有兴趣的读者可以进一步了解。在某些时候，原子操作替换锁是有优势的，主要是因为原子操作由底层硬件支持，而锁则由系统提供的 API 实现，若实现相同的功能，原子操作通常会更有效率。

第13章　测试与调优

13.1　测试

在 Go 语言中，所有的包都应该有文档和注释。当然，更重要的是应该对包进行必要的测试。

标准库的 testing 包就是这样一个标准包，专门用来进行单元测试及自动化测试，打印日志和错误报告，方便程序员调试代码。

testing 包还包含一些基准测试函数、测试辅助代码和示例函数。测试函数包括名称以 Test 开头的单元测试函数和以 Benchmark 开头的基准测试函数两种。测试辅助代码是为测试函数服务的公共函数、初始化函数、测试数据等。而示例函数则是名称以 Example 开头的说明被测试函数用法的函数，通常保存在 example_*_test.go 文件中。

13.1.1　单元测试

开发中经常需要对一个包做单元测试，写一些可以频繁执行的小块测试单元来检查代码的正确性，因此必须写一些 Go 源文件来测试代码。

使用 testing 包，只需要遵守简单的规则，就可以很好地写出通用的测试程序。因为其他开发人员也会遵循这个规则来进行测试。

测试程序是独立的文件，必须属于被测试的包，和这个包的其他程序放在一起，并且文件名满足形式 *_test.go。由于是独立的测试文件，所以测试代码和包中的业务代码是分开的。Go 语言这样规定的好处是不言而喻的，因为在其他语言开发的程序中，经常可以看到代码中注释掉的测试代码，而且有把开发版作为生产版发布到线上导致异常的问题出现。

当然，好的规则需要遵守并严格执行。

_test.go 程序不会被普通的 Go 编译器编译，所以当把应用部署到生产环境时它们不会被部署；只有 go test 会编译所有的程序（普通程序和测试程序）。

测试文件中必须导入 testing 包，单元测试函数是名字以 TestXxx 开头的全局函数，Xxx 部分可以为任意的字母、数字组合，但是首字母不能是小写字母，函数名可以用被测试函数的用途和功能描述，如 TestFmtInterface、TestPayEmployees 等。测试用例会按照测试源代码中写的顺序依次执行。

单元测试函数一般的形式为：

```
func TestAbcde(t *testing.T)
```

*testing.T 是传给单元测试函数的结构类型，用来管理测试状态，支持格式化测试日志，如 t.Log、t.Error、t.ErrorF 等。t.Log 函数就像常用的 fmt.Println 一样，可以接受多个参数，方便输出调试结果。

常用来通知测试失败的函数有：

（1）func (t *T) Fail()

标记测试函数为失败，然后继续执行剩下的测试。

（2）func (t *T) FailNow()

标记测试函数为失败并中止执行。文件中别的测试也被略过，继续执行下一个文件。

（3）func (t *T) Log(args ...interface{})

args 被默认的格式格式化并打印到错误日志中。

（4）func (t *T) Fatal(args ...interface{})

结合先执行（3），然后执行（2）的效果。

运行 go test 来编译测试程序，并执行程序中所有的 TestXxx 函数。如果所有的测试都通过会打印出 PASS。

当然，对于包中不能导出的函数不能进行单元或者基准测试。

go test 可以接受一个或多个函数程序作为参数，并指定一些选项。

在系统标准库包中有很多文件名以_test.go 结尾的文件，大家可以用来测试，为节约篇幅这里就不写具体例子了。

13.1.2　基准测试

testing 包中有一些类型和函数可以用来做简单的基准测试，测试代码中必须包含名称以 BenchmarkZzz 开头的基准测试函数并接受一个 *testing.B 类型的参数，例如：

```
func BenchmarkReverse(b *testing.B) {
    ...
}
```

命令 go test –test.bench=.* 会运行所有的基准测试函数。代码中的函数会被调用 N 次（N 是非常大的数，如 N = 1000000），可以根据情况指定 b.N 的值。最后会显示 N 的值和函数执行的平均时间，单位为 ns/op。如果是用 testing.Benchmark 调用这些函数，直接运行程序即可。

下面看一个测试的具体例子。包代码文件如下所示：

```
// GOPATH\src\go42\chapter-13\13.1\1\maths.go

package maths

func Loop(n uint64) (result uint64) {
    result = 1
    var i uint64 = 1
    for ; i <= n; i++ {
        result *= i
    }
    return result
}

func Factorial(n uint64) (result uint64) {
    if n > 0 {
        result = n * Factorial(n-1)
        return result
    }
    return 1
}
```

在 maths 包的路径下，接着创建一个名为 maths_test.go 的测试程序。

```
// GOPATH\src\go42\chapter-13\13.1\1\maths_test.go

package maths

import (
    "testing"
)

func TestLoop(t *testing.T) {
    t.Log("Loop:", Loop(uint64(32)))
}

func TestFactorial(t *testing.T) {
    t.Log("Factorial:", Factorial(uint64(32)))
}

func BenchmarkLoop(b *testing.B) {

    for i := 0; i < b.N; i++ {
            Loop(uint64(40))
    }
}

func BenchmarkFactorial(b *testing.B) {

    for i := 0; i < b.N; i++ {
            Factorial(uint64(40))
    }
}
```

现在可以在这个包的目录下使用命令 go test   -test.bench=.* 来测试 maths 包。
输出如下：

```
goos: windows
goarch: amd64
pkg: go42/chapter-13/13.1/1
BenchmarkLoop-4          50000000          27.2 ns/op
BenchmarkFactorial-4     10000000          163 ns/op
PASS
ok          go42/chapter-13/13.1/1  3.628s
```

通过上面基准测试的结果对比可以发现，采用循环方式和递归函数两种方式分别来计算同样整数的阶乘，前者要快很多。递归函数的确很耗费系统资源，而且运行也慢，不建议使用。

13.2　调优

13.2.1　分析 Go 程序

如果代码使用了 Go 语言中 testing 包的基准测试功能，则可以用 go test 标准的-cpuprofile 和-memprofile 标志向指定文件写入 CPU 或内存使用情况报告。

可继续在目录 GOPATH\src\go42\chapter-13\13.1\1\中运行以下命令：

```
go test -bench=. maths_test.go maths.go -cpuprofile=pprof.out-memprofile=memprof.out
```

运行上述命令后，将会基于基准测试结果，把 CPU 性能情况写到 pprof.out 文件中，同时也把内存使用情况写到 memprof.out 文件中。开发人员可以根据这两个文件做分析，详细了解性能情况。

13.2.2　用 pprof 调试

要监控 Go 程序的堆栈、CPU 的耗时等性能信息，可以通过 pprof 包来实现。在代码中，pprof 包有两种导入方式：

```
import "net/http/pprof"
import "runtime/pprof"
```

net/http/pprof 包把 runtime/pprof 包的功能进行了封装，程序中使用 net/http/pprof 包可以方便开发者直接在浏览器中查看程序的性能情况。读者可以自行查看 net/http/pprof 中的代码，这个包只有一个文件 pprof.go。

下面具体说说怎么使用 pprof。在开发中取得 pprof 信息一共有三种方式。

1．Web 服务程序

如果编写的 Go 程序是 Web 服务，开发人员想查看自己程序的性能情况，可以引入包 _"net/http/pprof"，程序运行时就可以在浏览器中访问 http://localhost:port/debug/pprof/。例如：

```
// GOPATH\src\go42\chapter-13\13.2\1\main.go

package main

import (
    "fmt"
    "net/http"
    _ "net/http/pprof"   // 为什么用_，在讲解 http 包时有解释。
)

func myfunc(w http.ResponseWriter, r *http.Request) {
    fmt.Fprintf(w, "hi")
}

func main() {
    http.HandleFunc("/", myfunc)
    http.ListenAndServe(":8080", nil)
}
```

上述代码指定了端口号为 8080，在程序运行时访问 http://localhost:8080/debug/pprof/，可看到程序运行时内存、协程数量等实时情况。

2．服务进程

如果编写的 Go 程序是一个服务进程，可以使用 net/http/pprof 包，然后开启一个协程来监听相应端口。例如：

```
// GOPATH\src\go42\chapter-13\13.2\2\main.go

package main
```

```
import (
    "fmt"
    "log"
    "net/http"
    _ "net/http/pprof"

    "time"
)

func main() {
    // 开启 pprof
    go func() {
        log.Println(http.ListenAndServe("localhost:8080", nil))
    }()
    go hello()
    select {}
}
func hello() {
    for {
        go func() {
            fmt.Println("hello word")
        }()
        time.Sleep(time.Millisecond * 1)
    }
}
```

访问 http://localhost:8080/debug/pprof/，可看到程序运行时的内存、协程数量等实时情况。
在以上两种方式中，还可以在命令行分别运行以下命令，如图 13-1 所示。

查看堆栈信息：

go tool pprof http://localhost:8080/debug/pprof/heap

查看程序 CPU 使用信息：

go tool pprof http://localhost:8080/debug/pprof/profile

查看 block 信息：

go tool pprof http://localhost:8080/debug/pprof/block

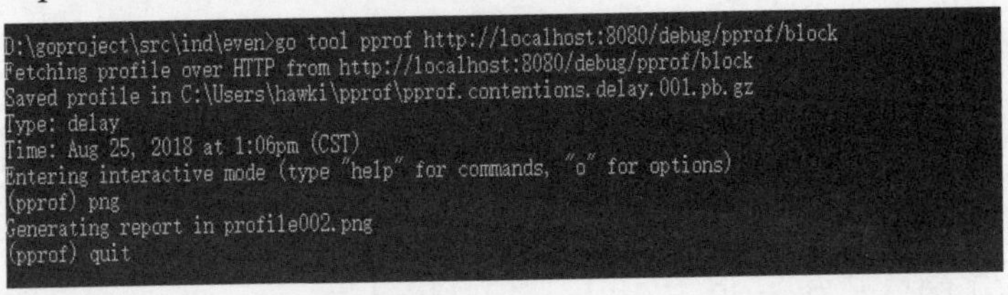

图 13-1　pprof block 信息

这里还需要先安装 graphviz，下载地址为 http://www.graphviz.org/download/，在 Windows 平台上直接下载 zip 包，解压缩后把 bin 目录放到$PATH 中。可以通过执行 png、svg、gif 等命令产生图片，生成的图片自动命名并存放在当前目录下，这里生成了 png 图片。其他命令使用可通过 help 查看。

3．应用程序

如果编写的 Go 程序只是一个应用程序，那么就不能使用 net/http/pprof 包，而需要使用

runtime/pprof 包。例如：

```
// GOPATH\src\go42\chapter-13\13.2\3\main.go

package main

import (
    "flag"
    "fmt"
    "log"

    "os"
    "runtime/pprof"
    "time"
)

var cpuprofile = flag.String("cpuprofile", "", "write cpu profile to file")

func Factorial(n uint64) (result uint64) {
    if n > 0 {
        result = n * Factorial(n-1)
        return result
    }
    return 1
}

func main() {
    flag.Parse()
    if *cpuprofile != "" {
        f, err := os.Create(*cpuprofile)
        if err != nil {
            log.Fatal(err)
        }
        pprof.StartCPUProfile(f)
        defer pprof.StopCPUProfile()
    }

    go compute()
    time.Sleep(10 * time.Second)
}
func compute() {
    for i := 0; i < 100; i++ {
        go func() {
            fmt.Println(Factorial(uint64(40)))
        }()
        time.Sleep(time.Millisecond * 1)
    }
}
```

编译后生成 3.exe 文件并运行命令：

GOPATH\src\go42\chapter-13\13.2\3> 3.exe --cpuprofile=cpu.prof

程序运行完后的 CPU 信息就会记录到 cpu.prof 文件中。

现在有了 cpu.prof 文件，可以通过 go tool pprof 来查看相应的信息了。在命令行运行：

GOPATH\src\go42\chapter-13\13.2\3>go tool pprof 3.exe cpu.prof

注意：需要带上可执行程序的名称以及 prof 信息文件。

命令执行后会进入如图 13-2 所示的界面。

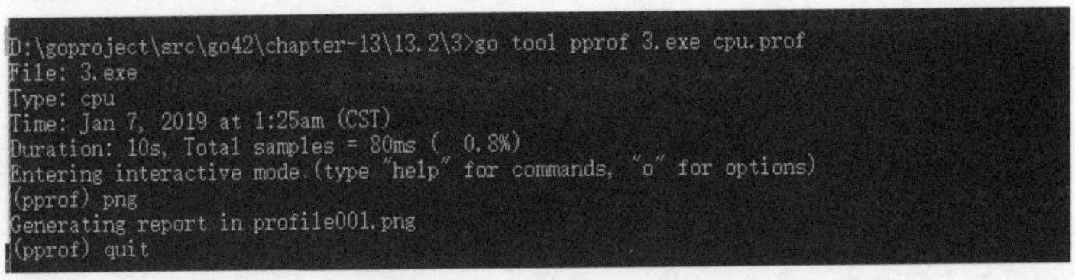

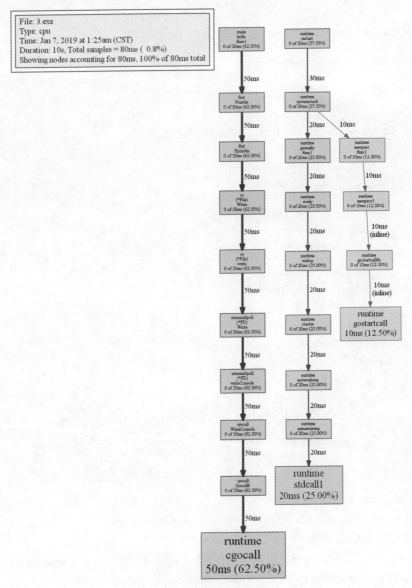

图 13-2　pprof cpu 信息

命令界面和前面两种使用 net/http/pprof 包的界面一样。可以通过 go tool pprof 生成 svg、png 或 pdf 文件。

图 13-3 是生成的 png 文件，和前面图 13-1 生成的 png 类似。

图 13-3　CPU png 文件

通过上面三种情况的分析，可以发现有两种分析方式：

（1）url 方式：go tool pprof http://localhost:8080/debug/pprof/profile

（2）文件方式：go tool pprof 3.exe cpu.prof

可以根据项目情况灵活使用。

有关 pprof，就讲这么多。在实际项目中，读者会发现这个工具很有用。

第 14 章　系统标准库

Go 语言的标准库有丰富的功能包，覆盖了网络、系统、图形、加密、编码、文件、算法等，这里选择部分包简单讲解其大致的使用方法，希望能对引导读者深入了解标准库起到抛砖引玉的作用。

14.1　reflect 包

14.1.1　反射（reflect）

反射是应用程序动态检查其所拥有的结构，尤其是类型对象的一种能力。每种语言的反射模型都不同，有些语言根本不支持反射。Go 语言实现了反射，反射机制就是在运行时动态调用对象的方法和属性，标准库的 reflect 包提供了相关的功能。在 reflect 包中，通过 reflect.TypeOf() 和 reflect.ValueOf() 分别从类型、值的角度来描述一个 Go 对象。

```
func TypeOf(i interface{}) Type
type Type interface

func ValueOf(i interface{}) Value
type Value struct
```

在 Go 语言的实现中，一个接口类型的变量存储了两个信息，即一个<值，类型>对 <value,type>。

```
(value, type)
```

value 是实际变量值，type 是实际变量的类型，不能是接口类型。两个简单的函数 reflect.TypeOf() 和 reflect.ValueOf()，返回被检查对象的类型和值。

例如，x 被定义为：var x float64 = 3.4，那么 reflect.TypeOf(x) 返回 float64，reflect.ValueOf(x) 返回 3.4。实际上，反射通过检查一个接口类型变量从而得到该变量的类型成值，变量可以是任意类型（空接口）。这点从下面两个函数签名能够很明显地看出来。

```
func TypeOf(i interface{}) Type
func ValueOf(i interface{}) Value
```

在 Go 语言中实现反射，是将"接口类型变量"转换为"反射类型对象"。上面函数中 i 就是接口类型变量，而返回值就是 reflect.Type 和 reflect.Value。在实际应用中，i 一般是一个具体类型的变量，因为 i 对应一个空接口类型；而反射正好是将接口类型转为反射类型，得到反射类型后就可以做更多的事情了。

所以，当调用 reflect.TypeOf(x) 时，x 被当作一个接口变量处理，然后 reflect.TypeOf() 对接口变量进行拆解，返回其反射类型信息。

reflect.Type 和 reflect.Value 还有许多其他检查和操作方法。

Type 的主要方法有：

Kind()返回一个常量，表示具体类型的底层类型。

Elem()返回指针、数组、切片、字典、通道等类型。这个方法要慎用，如果用于其他类型会出现运行时异常。

Value 的主要方法有：

Kind()返回一个常量，表示具体类型的底层类型。

Type()返回具体类型所对应的 reflect.Type（静态类型）。

反射让我们可以在程序运行时动态检查类型和变量，例如它的值、方法和类型，甚至可以在运行时修改和创建变量、函数和结构。这对于没有源代码的包尤其有用。

反射是一个强大的工具，但对性能有一定的影响，因此除非有必要，应当避免使用或小心使用。下面代码针对 int、自定义类型、数组以及结构体分别使用反射机制，其中的差异请看代码注释。

```go
// GOPATH\src\go42\chapter-14\14.1\1\main.go

package main

import (
    "fmt"
    "reflect"
)

type Student struct {
    name string
}

type MyInt int

func main() {

    var a int = 9
    v := reflect.ValueOf(a)                              // 返回 Value 类型对象，值为 9
    t := reflect.TypeOf(a)                               // 返回 Type 类型对象，值为 int
    fmt.Println(v, t, v.Type(), v.Kind(), t.Kind())      // kind()返回底层基础类型

    var mi MyInt = 99
    mv := reflect.ValueOf(mi)                            // 返回 Value 类型对象，值为 99
    mt := reflect.TypeOf(mi)                             // 返回 Type 类型对象，值为 MyInt
    fmt.Println(mv, mt, mv.Type(), mv.Kind(), mt.Kind()) // kind()返回底层基础类型

    var b [5]int = [5]int{5, 6, 7, 8}
    fmt.Println(reflect.TypeOf(b), reflect.TypeOf(b).Kind(), reflect.TypeOf(b).Elem()) // [5]int array int

    var Pupil Student
    p := reflect.ValueOf(Pupil) // 使用 ValueOf()获得结构体的 Value 对象

    fmt.Println(p.Type()) // 输出:Student
    fmt.Println(p.Kind()) // 输出:struct

}
```

在 Go 语言中，静态类型就是变量声明时赋予的类型，也就是在反射中 reflect.Type 对应的值，而 kind()对应的是基础类型。

Kind()大概会返回切片、字典、指针、结构体、接口、字符串、数组、函数、整型或其他基础类型。如上面代码中 Kind()返回结构体：fmt.Println(p.Kind())，而 Type()返回静态类型名 Student：fmt.Println(p.Type())。MyInt 是静态类型，而 int 是它的基础类型。

Type()返回的是静态类型，而 kind()返回的是基础类型。

14.1.2　反射的应用

下面通过实例来了解反射的实际意义。

（1）通过反射可以修改对象

通过反射可以修改对象，但对象必须是可寻址的（addressable）。简单说，如果想通过反射修改对象，就需要把想修改对象的指针传递过来。如果对象不能被寻址，就是不可写的。可写性是反射类型变量的一个属性，但不是所有反射类型变量都拥有这个属性，所以通过反射修改原对象，需要判断其可写性，也就是可寻址。

实际上要修改的是指针指向的数据，需要调用 Value 类型的 Elem()方法。Elem()方法能够对指针进行间接引用，将结果存储到 reflect.Value 类型对象中。

```
v := reflect.Value.Elem ()   // 表示获取原始值对应的反射对象
```

通过 CanSet()方法来判断原始反射对象 v reflect.Value 是否可写，CanAddr()方法判断它是否可被取地址。这里的 v 是通过 Elem ()得到的。CanSet()和 CanAddr()这两个方法的签名如下：

```
func (v Value) CanAddr()
func (v Value) CanSet() bool
```

下面通过一个可写的（settable）原始反射对象 reflect.Value 来访问、修改其对应的值。

```
// GOPATH\src\go42\chapter-14\14.1\2\main.go

package main

import (
    "fmt"
    "reflect"
)

type Student struct {
    name string
    Age    int
}

func main() {
    var a int = 99
    v := reflect.ValueOf(a) // 返回 Value 类型对象，值为 9
    t := reflect.TypeOf(a)    // 返回 Type 类型对象，值为 int

    fmt.Println(v.Type(), t.Kind(), reflect.ValueOf(&a).Elem())
    fmt.Println(reflect.ValueOf(a).CanSet(), reflect.ValueOf(a).CanAddr())
    fmt.Println(reflect.ValueOf(&a).CanSet(), reflect.ValueOf(&a).CanAddr())
```

```
        pa := reflect.ValueOf(&a).Elem() // reflect.Value.Elem ()表示获取原始值对应的反射对象
        fmt.Println("CanSet:", pa.CanSet(), "CanAddr:", pa.CanAddr())
        //fmt.Println(reflect.ValueOf(a).Elem().CanSet(), reflect.ValueOf(a).Elem().CanAddr())
        fmt.Println(pa, pa.CanSet())

        pa.SetInt(100)
        fmt.Println(pa)

        var Pupil Student = Student{"Jim", 8}
        Pupilv := reflect.ValueOf(Pupil)          // 使用 ValueOf()获取结构体的 Value 对象

        fmt.Println(Pupilv.Type())                // 输出:Student
        fmt.Println(Pupilv.Kind())                // 输出:struct

        p := reflect.ValueOf(&Pupil).Elem()       // 获取原始值对应的反射对象
        fmt.Println("CanSet:", p.CanSet(), "CanAddr:", p.CanAddr())

        //p.Field(0).SetString("Mike")            // 未导出字段，不能修改，会发生 panic
        p.Field(1).SetInt(10)
        fmt.Println(p)

    }
```

要通过反射的方式来修改对象，重点是通过方法 Elem()获取原始值对应的反射对象。虽然反射可以越过 Go 语言的导出规则的限制读取结构体中未导出的成员，但不能修改它们。因为一个结构体中只有被导出的字段才是可写的。

reflect.ValueOf(&a)得到的是原始变量 a 的指针地址，这个指针地址再通过 Elem()方法得到反射对象。

如果在结构体中有 tag 标签，通过反射可获取结构体成员变量的 tag 信息。例如：

```
// GOPATH\src\go42\chapter-14\14.1\3\main.go

package main

import (
    "fmt"
    "reflect"
)

type Student struct {
    name string
    Age    int `json:"years"`
}

func main() {
    var Pupil Student = Student{"joke", 18}
    setStudent := reflect.ValueOf(&Pupil).Elem()

    sSAge, _ := setStudent.Type().FieldByName("Age")
    fmt.Println(sSAge.Tag.Get("json")) // years
}
```

程序输出：

years

（2）通过反射可以创建基础类型和用户自定义类型变量

除了可以通过反射创建基础类型和用户自定义类型，还可以使用反射来创建切片、字典、通道，甚至包括函数类型。常见函数有：reflect.Makeslice()，reflect.Makemap()和 reflect.Makechan()。

要想创建变量，需要先确定类型。下面的代码中根据 reflect.Type(t)得到 t 的静态类型，接着使用 reflect.New(vartype)生成了新变量。新变量通过方法 Elem()获取的反射对象来设置变量值。最后使用 Elem().interface()来反引用 reflect 的指针，得到新变量的值。

```go
// GOPATH\src\go42\chapter-14\14.1\4\main.go

package main

import (
    "fmt"
    "reflect"
)

func main() {
    t := 9
    // 反射创建 int 变量
    varType := reflect.TypeOf(t)

    v1 := reflect.New(varType)
    v1.Elem().SetInt(1)
    varNew := v1.Elem().Interface()
    fmt.Printf("int Var: 指针：%d 值：%d\n", v1, varNew)

    // 反射创建 map slice
    newSlice := make([]int, 5)
    newmap := make(map[string]int)
    sliceType := reflect.TypeOf(newSlice)
    mapType := reflect.TypeOf(newmap)

    // 创建新值
    ReflectSlice := reflect.MakeSlice(sliceType, 5, 5)
    Reflectmap := reflect.MakeMap(mapType)

    // 使用新创建的变量
    V := 99
    SliceV := reflect.ValueOf(V)
    ReflectSlice = reflect.Append(ReflectSlice, SliceV)
    intSlice := ReflectSlice.Interface().([]int)
    fmt.Println("Slice:", intSlice)

    Key := "Rose"
    Value := 999
```

```
        MapKey := reflect.ValueOf(Key)
        MapValue := reflect.ValueOf(Value)
        Reflectmap.SetMapIndex(MapKey, MapValue)
        mapStringInt := Reflectmap.Interface().(map[string]int)
        fmt.Println("Map:", mapStringInt)
    }
```

通过反射机制，能对一个结构体类型的大致结构如方法、字段的情况有较为全面的了解，代码如下。

```go
// GOPATH\src\go42\chapter-14\14.1\5\main.go

package main

import (
    "fmt"
    "reflect"
)

// 结构体
type ss struct {
    int
    string
    bool
    float64
}

func (s ss) Method1(i int) string   { return "结构体方法 1" }
func (s *ss) Method2(i int) string { return "结构体方法 2" }

var (
    structValue = ss{ // 结构体
            20,
            "结构体",
            false,
            64.0,
        }
)

func main() {
    // 反射结构体
    fmt.Println("=========引用=========")
    v := reflect.ValueOf(&structValue)
    fmt.Println("String                :", v.String())        // 反射值的字符串形式
    fmt.Println("Type                  :", v.Type())          // 反射值的类型
    fmt.Println("Kind                  :", v.Kind())          // 反射值的类别
    fmt.Println("CanAddr               :", v.CanAddr())       // 是否可以获取地址
    fmt.Println("CanSet                :", v.CanSet())        // 是否可以修改
    if v.CanAddr() {
            fmt.Println("Addr              :", v.Addr())       // 获取地址
            fmt.Println("UnsafeAddr        :", v.UnsafeAddr()) // 获取自由地址
    }
    // 获取方法数量
```

```
        fmt.Println("可用方法数量    :", v.NumMethod())
        if v.NumMethod() > 0 {
                i := 0
                for ; i < v.NumMethod()-1; i++ {
                        fmt.Printf("        ├ %v\n", v.Method(i).String())
                }
                fmt.Printf("        └ %v\n", v.Method(i).String())
                // 通过名称获取方法
                fmt.Println("Method1 MethodByName:", v.MethodByName("Method1").String())
                fmt.Println("Method2 MethodByName:", v.MethodByName("Method2").String())
        }

        fmt.Println("===========值变量===========")
        v = reflect.ValueOf(structValue)
        fmt.Println("String             :", v.String())      // 反射值的字符串形式
        fmt.Println("Type               :", v.Type())        // 反射值的类型
        fmt.Println("Kind               :", v.Kind())        // 反射值的类别
        fmt.Println("CanAddr            :", v.CanAddr())      // 是否可以获取地址
        fmt.Println("CanSet             :", v.CanSet())       // 是否可以修改
        if v.CanAddr() {
                fmt.Println("Addr                :", v.Addr())        // 获取地址
                fmt.Println("UnsafeAddr          :", v.UnsafeAddr())  // 获取自由地址
        }
        // 获取方法数量
        fmt.Println("方法数量             :", v.NumMethod())
        fmt.Println("指针变量可用方法数量   :", reflect.ValueOf(&structValue).NumMethod())
        if v.NumMethod() > 0 {
                i := 0
                for ; i < v.NumMethod()-1; i++ {
                        fmt.Printf("        ├ %v\n", v.Method(i).String())
                }
                fmt.Printf("        └ %v\n", v.Method(i).String())
                // 通过名称获取方法
                fmt.Println("Method1 MethodByName:", v.MethodByName("Method1").String())
                fmt.Println("Method2 MethodByName:", v.MethodByName("Method2").String())
        }

        switch v.Kind() {
        // 结构体:
        case reflect.Struct:
                fmt.Println("=== 结构体 ===")
                // 获取字段个数
                fmt.Println("NumField            :", v.NumField())
                if v.NumField() > 0 {
                        var i int
                        // 遍历结构体字段
                        for i = 0; i < v.NumField()-1; i++ {
                                field := v.Field(i) // 获取结构体字段
                                fmt.Printf("        ├%-8v %v\n", field.Type(), field.String())
                        }
                        field := v.Field(i) // 获取结构体字段
                        fmt.Printf("        └%-8v %v\n", field.Type(), field.String())
                        // 通过名称查找字段
```

154

```
                    if v := v.FieldByName("ptr"); v.IsValid() {
                            fmt.Println("FieldByName(ptr)        :", v.Type().Name())
                    }
                    // 通过函数查找字段
                    v := v.FieldByNameFunc(func(s string) bool { return len(s) > 3 })
                    if v.IsValid() {
                            fmt.Println("FieldByNameFunc          :", v.Type().Name())
                    }
            }
    }
}
```

程序输出：

```
===========引用=========
String                  : <*main.ss Value>
Type                    : *main.ss
Kind                    : ptr
CanAddr                 : false
CanSet                  : false
可用方法数量: 2
        ├ <func(int) string Value>
        └ <func(int) string Value>
Method1 MethodByName: <func(int) string Value>
Method2 MethodByName: <func(int) string Value>
===========值=========
String                  : <main.ss Value>
Type                    : main.ss
Kind                    : struct
CanAddr                 : false
CanSet                  : false
方法数量: 1
指针变量可用方法数量: 2
        └ <func(int) string Value>
Method1 MethodByName: <func(int) string Value>
Method2 MethodByName: <invalid Value>
=== 结构体 ===
NumField: 4
        ├ int      <int Value>
        ├ string   结构体
        ├ bool     <bool Value>
        └ float64  <float64 Value>
```

14.2　unsafe 包

14.2.1　unsafe 包介绍

在 unsafe 包中，只提供了三个函数，两个类型。
func Alignof(x ArbitraryType) uintptr
func Offsetof(x ArbitraryType) uintptr
func Sizeof(x ArbitraryType) uintptr

```
type ArbitraryType int
type Pointer *ArbitraryType
```

就这么少的量，却有着超级强悍的功能。C 语言中，在知道变量在内存中占用的字节数的情况下，就可以通过指针加偏移量的操作，直接在地址中修改或访问变量的值。而 Go 语言语法上不支持指针运算，该怎么办呢？其实通过 unsafe 包，就可以完成类似的操作。

ArbitraryType 是以 int 为基础定义的一个新类型，但在 unsafe 包中，对 ArbitraryType 赋予了特殊的意义，通常把 interface{}看作任意类型，而 ArbitraryType 这个类型，比 interface{}还要随意。

Pointer 是以 ArbitraryType 指针类型为基础的新类型，在 Go 语言系统中，可以把 Pointer 类型理解成任何指针的"亲爹"。

Go 语言的指针与 int 类型在内存中占用的字节数是一样的。ArbitraryType 类型的变量也可以是指针。

通过分析发现，unsafe 包中三个函数的参数均是 ArbitraryType 类型。

（1）Alignof 返回变量对齐字节数量。

（2）Offsetof 返回变量指定属性的偏移量，所以如果变量是一个 struct 类型，不能直接将这个 struct 类型的变量当作参数，只能将这个 struct 类型变量的属性当作参数。

（3）Sizeof 返回变量在内存中占用的字节数，切记，如果是 slice，则不会返回这个 slice 在内存中的实际占用长度。

在 unsafe 包中，通过 ArbitraryType、Pointer 这两个类型，可以将其他类型都转换过来，然后通过这三个函数，分别取长度、偏移量、对齐字节数，就可以在内存地址映射中来回游走。

14.2.2 指针运算

Go 语言在语法上不支持指针类型直接进行指针运算，例如要在某个指针地址上加上偏移量，指针类型是不能做这个运算的。那么谁可以呢？这就要靠 uintptr 类型了，可以将指针类型先转换成 uintptr 类型，做完地址加减法运算后，再转换成指针类型，通过*操作达到取值、修改值的目的。在 Go 语言中，uintptr 这个基础类型的字节长度与 int 一致。

unsafe.Pointer 其实类似 C 的 void *，在 Go 语言中是用于各种指针相互转换的桥梁，即通用指针。它可以让任意类型的指针实现相互转换，也可以将任意类型的指针转换为 uintptr 进行指针运算。

uintptr 是 Go 语言的内置类型，是能存储指针的整型，uintptr 的底层类型是 int，它和 unsafe.Pointer 可相互转换。

uintptr 和 unsafe.Pointer 的区别是：

- unsafe.Pointer 只是单纯的通用指针类型，用于转换不同类型的指针，不可以参与指针运算。
- uintptr 是用于指针运算的，GC 不把 uintptr 当指针，即 uintptr 无法持有对象，uintptr 类型的目标会被回收。
- unsafe.Pointer 可以和普通指针进行相互转换。
- unsafe.Pointer 可以和 uintptr 进行相互转换。

Go 语言的 unsafe 包很强大，它可以像 C 语言一样操作内存。但 unsafe 包可能被滥用并且是危险的，程序员在使用此包时要特别小心。

uintptr 和 intptr 是无符号和有符号的指针类型，并且确保在 64 位平台上的长度是 8B，在 32

位平台上是 4B，uintptr 主要用于 Go 语言中的指针运算。

以下 main.go 源代码通过 unsafe 包来实现对结构体 V 的成员 i 和 j 赋值，然后通过 GetI() 和 GetJ()来打印观察输出结果。

```
// GOPATH\src\go42\chapter-14\14.2\1\main.go

package main

import (
    "fmt"
    "unsafe"
)

type V struct {
    i int32
    j int64
}

func (v V) GetI() {
    fmt.Printf("i=%d\n", v.i)
}
func (v V) GetJ() {
    fmt.Printf("j=%d\n", v.j)
}

func main() {
    // 定义指针类型变量
    var v *V = &V{199, 299}

    // 取得 v 的指针并转为*int32 的值，对应结构体的 i
    var i *int32 = (*int32)(unsafe.Pointer(v))

    fmt.Println("指针地址：", i)
    fmt.Println("指针 uintptr 值:", uintptr(unsafe.Pointer(i)))
    *i = int32(98)

    // 根据 v 的基准地址加上偏移量进行指针运算，运算后的值为 j 的地址，使用 unsafe.Pointer 转为
        指针
    var j *int64 = (*int64)(unsafe.Pointer(uintptr(unsafe.Pointer(v)) + uintptr(unsafe.Sizeof(int64(0)))))

    *j = int64(763)

    v.GetI()
    v.GetJ()
}
```

程序输出：

```
指针地址：   0xc00000c180
指针 uintptr 值: 824633770368
i=98
j=763
```

要修改 struct 字段的值，需要提前知道结构体 V 的成员布局，然后根据字段计算偏移量，

以及考虑对齐值，最后通过指针运算得到成员指针，利用指针达到修改成员值的目的。由于结构体的成员在内存中的分配是一段连续的内存，因此结构体中第一个成员的地址就是这个结构体的地址，也可以认为是相对于这个结构体偏移了 0。同样，这个结构体中的任一成员都可以相对于这个结构体的偏移来计算出自己在内存中的绝对地址。

上面 main 方法的实现如下：

```
var v *V = &V{199, 299}
```

通过&来分配一段内存(并按类型初始化)，返回一个指针。所以 v 就是类型为 V 的一个指针。和 new 函数的作用类似。

```
var i *int32 = (*int32)(unsafe.Pointer(v))
```

将指针 v 转成通用指针，再转成 int32 指针类型。这里就看到 unsafe.Pointer 的作用了，不能直接将 v 转成 int32 类型的指针，那样将会发生运行时异常，但是 unsafe.Pointer 可以转为任何指针。刚才说了 v 的地址其实就是它的第一个成员的地址，所以这个 i 就很显然指向了 v 的成员 i，通过给 i 赋值就相当于给 v.i 赋值。

```
*i = int32(98)
```

现在已经成功地改变了 v 的私有成员 i 的值。

但是对于 v.j 来说，怎么来得到它在内存中的地址呢？其实可以获取它相对于 v 的偏移量（unsafe.Sizeof 可以做到），但上面的代码并没有这样去实现。

```
var j *int64 = (*int64)(unsafe.Pointer(uintptr(unsafe.Pointer(v)) + uintptr(unsafe.Sizeof(int64(0)))))
```

其实我们已经知道 v 有两个成员 i 和 j，并且在定义中，i 位于 j 的前面，而 i 是 int32 类型，也就是说 i 占 4B。所以 j 相对于 v 偏移了 4B。可以用 uintptr(4)或 uintptr(unsafe.Sizeof(int64(0)))来进行偏移。unsafe.Sizeof 方法用来得到一个值应该占用多少个字节空间。注意这里跟 C 语言的用法不一样，C 语言是直接传入类型，而 Go 语言是传入值。

之所以转成 uintptr 类型，是因为需要做指针运算。v 的地址加上 j 相对于 v 的偏移地址，就得到了 v.j 在内存中的绝对地址，然后通过 unsafe.Pointer 转为指针。别忘了 j 的类型是 int64，所以现在的 j 就是一个指向 v.j 的指针。接下来给它赋值：

```
*j = int64(763)
```

另外，可以看到两种地址表示方式的差异如下：

- 指针地址：0xc00000c180
- 指针 uintptr 值：824633770368

最后，通过两个 Get 函数得到结构体 i，j 的值，发现它们已经被修改。细心的读者可能发现，这两个成员其实是不能导出的，所以上面的方法也是修改这类不能导出成员的魔法功能。

上面结构体 V 中，定义了两个成员属性。如果需要定义一个 byte 类型的成员属性，输出如下：

```
// GOPATH\src\go42\chapter-14\14.2\2\main.go

package main

import (
    "fmt"
    "unsafe"
```

```
    )

    type V struct {
        b byte
        i int32
        j int64
    }

    func (v V) GetI() {
        fmt.Printf("i=%d\n", v.i)
    }
    func (v V) GetJ() {
        fmt.Printf("j=%d\n", v.j)
    }

    func main() {
        // 定义指针类型变量
        var v *V = new(V)

        // v 的长度
        fmt.Printf("size=%d\n", unsafe.Sizeof(*v))
        // 取得 v 的指针考虑对齐值计算偏移量，然后转为*int32 的值，对应结构体的 i
        var i *int32 = (*int32)(unsafe.Pointer(uintptr(unsafe.Pointer(v)) + uintptr(4*unsafe.Sizeof(byte(0)))))

        fmt.Println("指针地址：", i)
        fmt.Println("指针 uintptr 值:", uintptr(unsafe.Pointer(i)))
        *i = int32(98)

        // 根据 v 的基准地址加上偏移量进行指针运算，运算后的值为 j 的地址，使用 unsafe.Pointer 转为
            指针
        var j *int64 = (*int64)(unsafe.Pointer(uintptr(unsafe.Pointer(v)) + uintptr(unsafe.Sizeof(int64(0)))))

        *j = int64(763)
        fmt.Println("指针 uintptr 值:", uintptr(unsafe.Pointer(&v.b)))
        fmt.Println("指针 uintptr 值:", uintptr(unsafe.Pointer(&v.i)))
        fmt.Println("指针 uintptr 值:", uintptr(unsafe.Pointer(&v.j)))
        v.GetI()
        v.GetJ()
    }
```

程序输出：

```
    size=16
    指针地址：  0xc000050084
    指针 uintptr 值: 824634048644
    指针 uintptr 值: 824634048640
    指针 uintptr 值: 824634048644
    指针 uintptr 值: 824634048648
    i=98
    j=763
```

新结构体的长度为 size=16，好像跟想象的不一致。下面计算一下：b 是 byte 类型，长度为 1B；i 是 int32 类型，长度为 4B；j 是 int64 类型，长度为 8B，1+4+8=13。这是怎么回事呢？

这是因为发生了对齐。在 struct 中，它的对齐值是它的成员中的最大对齐值。

每个成员类型都有它的对齐值，可以用 unsafe.Alignof 方法来计算，例如 unsafe.Alignof(v.b) 可以得到 b 的对齐值为 1。但这个对齐值是其值类型的长度或引用的地址长度（32 位或者 64 位），和其在结构体中的长度不是简单相加的关系。经过在 64 位计算机上测试，发现地址（uintptr）如下：

```
unsafe.Pointer(b): %s 824634048640
unsafe.Pointer(i): %s 824634048644
unsafe.Pointer(j): %s 824634048648
```

可以初步推断，也经过测试验证，取 i 值使用 uintptr(4*unsafe.Sizeof(byte(0))) 是准确的。至于 size 其实也和对齐值有关，也不是简单相加每个字段的长度。

unsafe.Offsetof 可以在实际中使用，如果改变私有的字段，需要程序员认真考虑后，按照上面的方法仔细确认好对齐值再进行操作。

14.3 sort 包

14.3.1 sort 包介绍

Go 语言标准库 sort 包中实现了几种基本的排序算法：插入排序、快速排序和堆排序，但在使用 sort 包进行排序时无需具体考虑使用哪种排序方式。

```
func insertionSort(data Interface, a, b int)
func heapSort(data Interface, a, b int)
func quickSort(data Interface, a, b, maxDepth int)
```

sort.Interface 接口定义了三个方法。注意 sort 包中接口 Interface 这个名字，是以大写字母 I 开头，不要和 interface 关键字混淆，这里就是一个接口名而已。

```
type Interface interface {
    // Len 为集合内元素的总数
    Len() int
    // 如果 index 为 i 的元素小于 index 为 j 的元素，则返回 true，否则返回 false
    Less(i, j int) bool
    // Swap 交换索引为 i 和 j 的元素
    Swap(i, j int)
}
```

这三个方法分别是：获取数据集合长度的 Len() 方法、比较两个元素大小的 Less() 方法和交换两个元素位置的 Swap() 方法。只要实现了这三个方法，就可以对数据集合进行排序，sort 包会根据实际数据自动选择高效的排序算法。

sort 包原生支持 []int、[]float64 和 []string 三种内建数据类型切片的排序操作，即不必程序员自己实现相关的 Len()、Less() 和 Swap() 方法。

以 []int 为例，看看在 sort 包中是怎么定义排序操作的。

```
type IntSlice []int
```

先通过 []int 来定义新类型 IntSlice，然后在 IntSlice 上定义三个方法 Len()，Less(i, j int)，Swap(i, j int)，实现了这三个方法也就意味着实现了 sort.Interface 接口。

　　方法 func (p IntSlice) Sort() 通过调用 sort.Sort(p) 函数来实现排序，而 Sort(p)需要参数 p 是 sort.Interface 类型，但 IntSlice 实现了这三个接口方法，也就是 sort.Interface 类型，因此可以直接调用得到排序结果。其他[]float64 和[]string 的排序也基本上按照这种方式来实现。

　　其他类型并没有在包中给出实现方法，需要自己定义实现。但有了这三个实现的实例，读者学习后再实现自定义排序也就很容易了。

```
func (p IntSlice) Len() int                { return len(p) }
func (p IntSlice) Less(i, j int) bool { return p[i] < p[j] }
func (p IntSlice) Swap(i, j int)        { p[i], p[j] = p[j], p[i] }
func (p IntSlice) Sort() { Sort(p) }
```

　　先来看看[]int 和[]string 排序的实例。

```
// GOPATH\src\go42\chapter-14\14.3\1\main.go

package main

import (
    "fmt"
    "sort"
)

func main() {
    a := []int{33, 5, 3, -6, 19, 11, -14}
    sort.Ints(a)
    fmt.Println("排序：", a)

    sort.Sort(sort.Reverse(sort.IntSlice(a)))
    fmt.Println("降序: ", a)

    s := []string{"surface", "ipad", "Lenovo", "mac", "thinkpad", "联想"}
    sort.Strings(s)
    fmt.Println("排序: ", s)

    sort.Sort(sort.Reverse(sort.StringSlice(s)))
    fmt.Printf("降序: %v\n", s)
}
```

　　程序输出：

```
排序:   [-14 -6 3 5 11 19 33]
降序:   [33 19 11 5 3 -6 -14]
排序:   [Lenovo ipad mac surface thinkpad 联想]
降序: [联想 thinkpad surface mac ipad Lenovo]
```

　　默认结果都是升序排列，如果使用 sort.Reverse 则可进行降序排序。
　　下面是 sort 包中一些相关方法功能的注释。

```
// 将类型为 float64 的 slice 以升序方式排序
func Float64s(a []float64)

// 判定是否已经进行排序
func Float64sAreSorted(a []float64) bool
```

```go
// Ints 以升序排列 int 切片
func Ints(a []int)

// 判断 int 切片是否已经按升序排列
func IntsAreSorted(a []int) bool

//IsSorted 判断数据是否已经排序。包括各种可排序的数据类型的判断
func IsSorted(data Interface) bool

//Strings 以升序排列 string 切片
func Strings(a []string)

//判断 string 切片是否按升序排列
func StringsAreSorted(a []string) bool

// search 使用二分法进行查找，Search()方法会使用"二分查找"算法来搜索某指定切片[0:n]，
// 并返回能够使 f(i)=true 的最小的 i（0<=i<n）值，并且会假定如果 f(i)=true，则 f(i+1)=true，
// 即对于切片[0:n]，i 之前的切片元素会使 f()函数返回 false，i 及 i 之后的元素会使 f()
// 函数返回 true。但是，当在切片中无法找到使 f(i)=true 的 i 时（此时切片元素都不能使 f()
// 函数返回 true），Search()方法会返回 n（而不是返回-1）。
//
// Search 常用于在一个已排序的、可索引的数据结构中寻找索引为 i 的值 x，例如数组或切片
// 这种情况下实参 f 一般是一个闭包，会捕获所要搜索的值，以及索引并排序该数据结构的方式
func Search(n int, f func(int) bool) int

// SearchFloat64s 在 float64s 切片中搜索 x 并返回索引，如 Search 函数那样。
// 返回可以插入 x 值的索引位置，如果 x 不存在，返回数组 a 的长度切片必须以升序排列
func SearchFloat64s(a []float64, x float64) int

// SearchInts 在 ints 切片中搜索 x 并返回索引，如 Search 函数那样。返回可以插入 x 值的
// 索引位置，如果 x 不存在，返回数组 a 的长度切片必须以升序排列
func SearchInts(a []int, x int) int

// SearchFloat64s 在 strings 切片中搜索 x 并返回索引，如 Search 函数所述。返回可以
// 插入 x 值的索引位置，如果 x 不存在，返回数组 a 的长度切片必须以升序排列
func SearchStrings(a []string, x string) int

// 其中需要注意的是，以上三种查找方法对应的 slice 必须按照升序进行排序，
// 否则会出现奇怪的结果。

// Sort 对 data 进行排序。它调用一次 data.Len 来决定排序的长度 n，调用 data.Less
// 和 data.Swap 的开销为 O(n*log(n))。此排序为不稳定排序。它根据不同形式决定使用
// 不同的排序方式（插入排序、堆排序、快速排序）。
func Sort(data Interface)

// Stable 对 data 进行排序，排序过程中，如果 data 中存在相等的元素，则它们原来的
// 顺序不会改变，即如果有两个相等元素 num，它们的初始 index 分别为 i 和 j，并且 i<j，
// 则利用 Stable 对 data 进行排序后，i 依然小于 j。直接利用 sort 进行排序则不能够保证这一点。
func Stable(data Interface)
```

14.3.2　自定义 sort.Interface 排序

如果是 []int、[]float64 和 []string 之外的某个具体结构体的排序，就需要自己实现 sort.Interface 了。数据集合（包括自定义数据类型的集合）排序需要实现 sort.Interface 接口的三个方法，即：Len()、Swap(i, j int)、Less(i, j int)，数据集合实现这三个方法后，即可调用该包的 Sort() 方法进行排序。Sort(data Interface) 方法内部会使用 quickSort() 来进行集合的排序，而 quickSort() 会根据实际情况来选择排序算法。

任何实现了 sort.Interface 的类型（一般为集合），均可使用该包中的方法进行排序。这些方法要求集合内列出元素的索引为整数。例如：

```go
// GOPATH\src\go42\chapter-14\14.3\2\main.go

package main

import (
    "fmt"
    "sort"
)

type person struct {
    Name string
    Age  int
}

type personSlice []person

func (s personSlice) Len() int           { return len(s) }
func (s personSlice) Swap(i, j int)      { s[i], s[j] = s[j], s[i] }
func (s personSlice) Less(i, j int) bool { return s[i].Age < s[j].Age }

func main() {
    a := personSlice{
        {Name: "Jim", Age: 15},
        {Name: "石惊天", Age: 22},
        {Name: "Горький", Age: 57},
        {Name: "박 빅 브라더", Age: 32},
        {Name: "Li Wei", Age: 42},
    }
    sort.Sort(a)
    fmt.Println("Sort:", a)

    sort.Stable(a)
    fmt.Println("Stable:", a)

}
```

该示例程序的自定义类型 personSlice 实现了 sort.Interface 接口，所以可以将其对象作为 sort.Sort() 和 sort.Stable() 的参数传入。运行结果如下：

```
Sort: [{Jim 15} {石惊天 22} {박 빅 브라더 32} {Li Wei 42} {Горький 57}]
Stable: [{Jim 15} {石惊天 22} {박 빅 브라더 32} {Li Wei 42} {Горький 57}]
```

14.3.3 sort.Slice 排序

为每种类型提供一个特定的 sort.Interface 的实现很烦琐。可以利用 sort.Slice 函数，把 Less(i，j int) 作为一个比较回调函数，简单地传递给 sort.Slice 进行排序。这种方法虽然方便，但一般不建议使用，因为在 sort.Slice 中使用了 reflect。

下面看一个例子。

```go
// GOPATH\src\go42\chapter-14\14.3\3\main.go

package main

import (
    "fmt"
    "sort"
)

type River struct {
    Name    string
    Length int
}

func main() {
    Rivers := []River{
            {"刚果河", 4640},
            {"尼罗河", 6670},
            {"亚马孙河", 6400},
            {"黄河", 5464},
            {"鄂毕河", 3650},
            {"恒河", 2510},
            {"密西西比河", 6021},
            {"叶尼塞河", 5539},
            {"长江", 6300},
    }

    // less 作为回调函数
    sort.Slice(Rivers, func(i, j int) bool {
            return Rivers[i].Length >= Rivers[j].Length
    })
    fmt.Println(Rivers)

}
```

程序输出：

```
    [{尼罗河 6670} {亚马孙河 6400} {长江 6300} {密西西比河 6021} {叶尼塞河 5539} {黄河 5464} {刚
果河 4640}{鄂毕河 3650} {恒河 2510}]
```

14.4 os 包

14.4.1 启动外部命令和程序

标准库的 os 包是一个比较重要的包，主要用在服务器上进行系统的基本操作，如文件操作、目录操作、执行命令、信号与中断、进程、系统状态等等。在 os 包下，有 exec、signal、user 三个子包。

在 os 包中，有很多非常实用的功能，例如可以通过变量 Args 来获取命令参数，os.Args 返回一个字符串数组。

```
fmt.Println(os.Args)
```

在 os 包中，相关函数的名字和作用有明显的 UNIX 风格，例如：

```
// chdir 将当前工作目录更改为 dir 目录
func Chdir(dir string) error

// 获取当前目录
func Getwd() (dir string, err error)

// 更改文件的权限
func Chmod(name string, mode FileMode) error

// 更改文件拥有者 owner
func Chown(name string, uid, gid int) error

func Chtimes(name string, atime time.Time, mtime time.Time) error

// 清除所有环境变量（慎用）
func Clearenv()

// 返回所有环境变量
func Environ() []string

// 系统退出，并返回 code
// 其中 0 表示执行成功并退出，非 0 表示错误并退出
func Exit(code int)
```

在 os 包中，有关文件的处理也有很多方法，如：

```
// Create 采用模式 0666 创建一个名为 name 的文件
// 如果文件已存在会截断它（为空文件）
func Create(name string) (file *File, err error)

// Open 打开一个文件用于读取
func Open(name string) (file *File, err error)

// Stat 返回描述文件 f 的 FileInfo 类型值
func (f *File) Stat() (fi FileInfo, err error)

// Readdir 读取目录 f 的内容，返回一个有 n 个成员的[]FileInfo
func (f *File) Readdir(n int) (fi []FileInfo, err error)

// Read 方法从 f 中读取最多 len(b)字节数据并写入 b
func (f *File) Read(b []byte) (n int, err error)

// 向文件中写入字符串
func (f *File) WriteString(s string) (ret int, err error)
```

```
// Sync 递交文件的当前内容进行稳定的存储
func (f *File) Sync() (err error)

// Close 关闭文件 f
func (f *File) Close() error
```

有关文件处理，会在后面详细说明。在 Go 语言中对文件 I/O 的操作有多种方法，后面会集中讨论。

在 os 包中有一个 StartProcess 函数可以调用或启动外部系统命令和二进制可执行文件。它的第一个参数是要运行的进程，第二个参数用来传递选项或参数，第三个参数是含有系统环境基本信息的结构体。

这个函数返回被启动进程的 id（pid），或者在启动失败时返回错误。例如：

```
// GOPATH\src\go42\chapter-14\14.4\1\main.go

package main

import (
    "fmt"
    "os"
)

func main() {
    /* Linux: */
    env := os.Environ()
    procAttr := &os.ProcAttr{
            Env: env,
            Files: []*os.File{
                    os.Stdin,
                    os.Stdout,
                    os.Stderr,
            },
    }
    // Linux 文件列表命令
    Pid, err := os.StartProcess("/bin/ls", []string{"ls", "-l"}, procAttr)
    if err != nil {
            fmt.Printf("Error %v starting process!", err) //
            os.Exit(1)
    }
    fmt.Printf("The process id is %v", Pid)
}
```

14.4.2 os/signal 信号处理

一个运行良好的程序在退出（正常退出或者强制退出，如 Ctrl+C，kill 等）时会执行一段清理代码，将收尾工作做完后再真正退出。一般采用系统信号来通知系统退出，如 kill pid。在程序中针对一些系统信号设置了处理函数，当收到信号后，会执行相关清理程序或通知各个子进程做自清理。

Go 的系统信号处理主要涉及 os 包、os.signal 包以及 syscall 包。其中最主要的函数是 signal 包中的 Notify 函数。

```
func Notify(c chan<- os.Signal, sig ...os.Signal)
```

该函数会将进程收到的系统信号转发给通道。如果没有传入 sig 参数，那么 Notify 会将系统收到的所有信号转发给通道。

Notify 会根据传入的 os.Signal，监听对应的信号，Notify() 方法会将接收到的对应 os.Signal 向一个通道中发送。

下面的代码以 syscall.SIGUSR2 信号为例，说明具体实现方法：

```
// GOPATH\src\go42\chapter-14\14.4\2\main.go

package main

import (
    "fmt"
    "os"
    "os/signal"
    "syscall"
)

var ss = make(chan int)

func main() {
    go signalListen()
    select {
    case <-ss:
            break
    }
}

func signalListen() {
    c := make(chan os.Signal)
    signal.Notify(c, syscall.SIGINT, syscall.SIGQUIT)
    for {
        s := <-c
        //收到信号后的处理，这里只是输出信号内容，可以做一些更有意思的事
        fmt.Println("get signal:", s)
        ss <- 9
        break
    }
}
```

这里可以接收 Ctrl+C 中断信号，在主程序中的通道会阻塞直到协程发来中断信号，可在收到中断信号后处理，例如关闭网络连接、保存状态信息等，然后优雅退出。关于信号，有兴趣的读者可以参考《UNIX 高级编程》。其他更多信号类型，请参看相关手册。

os 包中其他的功能还有很多，这里就不一一介绍了。

14.5　fmt 包

14.5.1　格式化 I/O

前面用到了 fmt 格式化 I/O，但没有展开讲解。下面就来详细说说。fmt 包中有关格式化输

入输出的方法有两大类：Scan 和 Print，分别在 scan.go 和 print.go 文件中。

print.go 文件中定义了如下函数：

```
func Printf(format string, a ...interface{}) (n int, err error)
func Fprintf(w io.Writer, format string, a ...interface{}) (n int, err error)
func Sprintf(format string, a ...interface{}) string

func Print(a ...interface{}) (n int, err error)
func Fprint(w io.Writer, a ...interface{}) (n int, err error)
func Sprint(a ...interface{}) string

func Println(a ...interface{}) (n int, err error)
func Fprintln(w io.Writer, a ...interface{}) (n int, err error)
func Sprintln(a ...interface{}) string
```

这 9 个函数，如果按照两个维度来说明，基本上可以说明白了。当然这两个维度是作者个人为了记忆而定的，并不是官方的说法。

（1）如果把 Print 理解为核心关键字，后缀有 f 和 ln，着重的是内容输出的结果样式。

如果后缀是 f，则指定 format。

如果后缀是 ln，则有换行符。

■ Println、Fprintln、Sprintln　　　　输出内容时会加上换行符。

■ Print、Fprint、Sprint　　　　　　　输出内容时不加上换行符。

■ Printf、Fprintf、Sprintf　　　　　　按照指定格式化文本输出内容。

（2）如果把 Print 理解为核心关键字，前缀有 F 和 S，着重的是内容输出到的对象。

如果前缀是 F，则指定了 io.Writer。

如果前缀是 S，则是输出到字符串。

■ Print、Printf、Println　　　　　　　输出内容到标准输出 os.Stdout。

■ Fprint、Fprintf、Fprintln　　　　　　输出内容到指定的 io.Writer。

■ Sprint、Sprintf、Sprintln　　　　　　输出内容到字符串。

scan.go 文件中定义了如下函数：

```
func Scanf(format string, a ...interface{}) (n int, err error)
func Fscanf(r io.Reader, format string, a ...interface{}) (n int, err error)
func Sscanf(str string, format string, a ...interface{}) (n int, err error)

func Scan(a ...interface{}) (n int, err error)
func Fscan(r io.Reader, a ...interface{}) (n int, err error)
func Sscan(str string, a ...interface{}) (n int, err error)

func Scanln(a ...interface{}) (n int, err error)
func Fscanln(r io.Reader, a ...interface{}) (n int, err error)
func Sscanln(str string, a ...interface{}) (n int, err error)
```

这 9 个函数可以扫描格式化文本以生成值。同样也可以按照两个维度来说明。

（1）如果把 Scan 理解为核心关键字，后缀有 f 和 ln，着重的是输入内容的结果样式。

如果后缀是 f，则指定了 format。

如果后缀是 ln，则有换行符。

■ Scanln、Fscanln、Sscanln　　　　　读取到换行时停止，并要求一次提供一行所有条目。

- Scan、Fscan、Sscan　　　　　　读取内容时不关注换行。
- Scanf、Fscanf、Sscanf　　　　　根据格式化文本读取。

（2）如果把 Scan 理解为核心关键字，前缀有 F 和 S，着重的是内容输入的来源。

如果前缀是 F，则指定了 io.Reader。

如果前缀是 S，则是从字符串读取。

- Scan、Scanf、Scanln　　　　　　从标准输入 os.Stdin 读取文本。
- Fscan、Fscanf、Fscanln　　　　　从指定的 io.Reader 接口读取文本。
- Sscan、Sscanf、Sscanln　　　　　从一个参数字符串读取文本。

14.5.2　格式化输出

格式化输出是非常有用的一项功能，fmt 包中格式化的主要结构体和方法都在 format.go 文件中定义。格式化输出中格式字符串由普通字符和占位符组成，例如：

```
fmt.Printf("value is %+ #8.3[3]v   kg.",  valF)
```

上面代码中，%+ #8.3[3]v 是占位符，占位符以 % 开头，以动词（verb）结尾，格式字符串格式如下：

```
%[标识][宽度][.精度]动词
```

下面来了解有哪些动词。Go 语言中不同的数据类型所适配的动词不一样，下面根据数据类型分别来讲。

（1）通用类动词适用于所有的类型数据，见表 14-1。

表 14-1　通用类动词

动　词	说　明
%v	值的默认格式表示。当输出结构体时，扩展标志（%+v）会添加字段名
%#v	值的 Go 语法表示
%T	值的类型的 Go 语法表示
%%	百分号

（2）布尔类型动词只适用于布尔类型数据，见表 14-2。

表 14-2　布尔类型动词

动　词	说　明
%t	单词 true 或 false

（3）整型类型动词只适用于整型类型数据，见表 14-3。

表 14-3　整型类型动词

动　词	说　明
%b	表示为二进制
%c	该值对应的 Unicode 码值
%d	表示为十进制
%o	表示为八进制
%q	该值对应的单引号括起来的 go 语法字符字面值，必要时会用转义表示

（续）

动 词	说 明
%x	表示为十六进制，使用 a-f
%X	表示为十六进制，使用 A-F
%U	表示为 Unicode 格式 U+1234 等价于"U+%04X"

（4）浮点和复数类型动词适用于浮点类型和复数类型数据，见表 14-4。

表 14-4　浮点和复数类型动词

动 词	说 明
%b	无小数部分、二进制指数的科学计数法，如-123456p-78；参见 strconv.FormatFloat
%e	科学计数法，如-1234.456e+78
%E	科学计数法，如-1234.456E+78
%f	有小数部分，但无指数部分，如 123.456
%F	等价于%f
%g	根据实际情况采用%e 或%f 格式（以获得更简洁、准确的输出）
%G	根据实际情况采用%E 或%F 格式（以获得更简洁、准确的输出）

（5）字符串和字节数组动词适用于字符串和字节数组类型数据，见表 14-5。

表 14-5　字符串和[]byte 类型动词

动 词	说 明
%s	直接输出字符串或[]byte
%q	该值对应双引号括起来的 Go 语法字符串字面值，必要时会用转义表示
%x	每个字节用两字符十六进制数表示（使用 a-f）
%X	每个字节用两字符十六进制数表示（使用 A-F）

（6）指针类型动词适用于指针类型数据，见表 14-6。

表 14-6　指针类型动词

动 词	说 明
%p	表示为十六进制，并加上前导的 0x

宽度通过一个紧跟在百分号后面的十进制数指定，如果未指定宽度，则表示值时除必需之外不作填充。精度通过（可能有的）在宽度后加点号和十进制数来指定。如果未指定精度，会使用默认精度；如果点号后没有跟数字，表示精度为 0。详情见表 14-7。

表 14-7　宽度与精度

宽度和精度符号	说 明
%f	默认宽度，默认精度
%9f	宽度 9，默认精度
%.2f	默认宽度，精度 2
%9.2f	宽度 9，精度 2
%9.f	宽度 9，精度 0

对于整数，宽度和精度都设置输出总长度。采用精度时表示右对齐并用 0 填充，而宽度默认表示用空格填充。

对于浮点数，宽度设置输出总长度；精度设置小数部分长度（如果有的话），除了%g/%G，此时精度设置总的数字个数。例如，对数字 123.45，格式%6.2f 输出 123.45；格式%.4g 输出 123.5。%e 和%f 的默认精度是 6，%g 的默认精度是可以将该值区分出来需要的最小数字个数。

对复数，宽度和精度会分别用于实部和虚部，结果用小括号包裹。因此%f 用于诸如 1.2+3.4i 的输出(1.200000+3.400000i)。

在格式字符串中标识（flag）是可选的，见表 14-8。

表 14-8 标识（flag）

标 识	说 明
+	总是输出数值的正负号；对%q（%+q）会生成全部是 ASCII 字符的输出（通过转义）
-	在输出右边而不是默认的左边填充空白（即从默认的右对齐切换为左对齐）
#	切换格式： 八进制数前加 0（%#o），十六进制数前加 0x（%#x）或 0X（%#X），指针去掉前面的 0x（%#p） 对%q（%#q），如果 strconv.CanBackquote 返回真会输出反引号括起来的未转义字符串 对%U（%#U），如果字符是可打印的，会输出 Unicode 格式、空格、单引号括起来的 Go 字面值
' '	对数值，正数前加空格而负数前加负号 对字符串采用%x 或%X 时（% x 或 X）会给各打印的字节之间加空格
0	使用 0 而不是空格填充，对于数值类型会把填充的 0 放在正负号后面

在格式字符串中动词会忽略不支持的标识。

下面这个程序基本涵盖了以上访问。

```
// GOPATH\src\go42\chapter-14\14.5\1\main.go

package main

import (
    "fmt"
    "os"
)

type User struct {
    name string
    age  int
}

var valF float64 = 32.9983
var valI int = 89
var valS string = "Go is an open source programming language that makes it easy to build simple,  reliable,  and
efficient software."
var valB bool = true

func main() {

    p := User{"John",  28}

    fmt.Printf("Printf struct %%v : %v\n",  p)
    fmt.Printf("Printf struct %%+v : %+v\n",  p)
    fmt.Printf("Printf struct %%#v : %#v\n",  p)
```

```
        fmt.Printf("Printf struct %%T : %T\n",   p)

        fmt.Printf("Printf struct %%p : %p\n",   &p)

        fmt.Printf("Printf float64 %%v : %v\n",   valF)
        fmt.Printf("Printf float64 %%+v : %+v\n",   valF)
        fmt.Printf("Printf float64 %%#v : %#v\n",   valF)
        fmt.Printf("Printf float64 %%T : %T\n",   valF)
        fmt.Printf("Printf float64 %%f : %f\n",   valF)
        fmt.Printf("Printf float64 %%4.3f : %4.3f\n",   valF)
        fmt.Printf("Printf float64 %%8.3f : %8.3f\n",   valF)
        fmt.Printf("Printf float64 %%-8.3f : %-8.3f\n",   valF)
        fmt.Printf("Printf float64 %%e : %e\n",   valF)
        fmt.Printf("Printf float64 %%E : %E\n",   valF)

        fmt.Printf("Printf int %%v : %v\n",   valI)
        fmt.Printf("Printf int %%+v : %+v\n",   valI)
        fmt.Printf("Printf int %%#v : %#v\n",   valI)
        fmt.Printf("Printf int %%T : %T\n",   valI)
        fmt.Printf("Printf int %%d : %d\n",   valI)
        fmt.Printf("Printf int %%8d : %8d\n",   valI)
        fmt.Printf("Printf int %%-8d : %-8d\n",   valI)
        fmt.Printf("Printf int %%b : %b\n",   valI)
        fmt.Printf("Printf int %%c : %c\n",   valI)
        fmt.Printf("Printf int %%o : %o\n",   valI)
        fmt.Printf("Printf int %%U : %U\n",   valI)
        fmt.Printf("Printf int %%q : %q\n",   valI)
        fmt.Printf("Printf int %%x : %x\n",   valI)

        fmt.Printf("Printf string %%v : %v\n",   valS)
        fmt.Printf("Printf string %%+v : %+v\n",   valS)
        fmt.Printf("Printf string %%#v : %#v\n",   valS)
        fmt.Printf("Printf string %%T : %T\n",   valS)
        fmt.Printf("Printf string %%x : %x\n",   valS)
        fmt.Printf("Printf string %%X : %X\n",   valS)
        fmt.Printf("Printf string %%s : %s\n",   valS)
        fmt.Printf("Printf string %%200s : %200s\n",   valS)
        fmt.Printf("Printf string %%-200s : %-200s\n",   valS)
        fmt.Printf("Printf string %%q : %q\n",   valS)

        fmt.Printf("Printf bool %%v : %v\n",   valB)
        fmt.Printf("Printf bool %%+v : %+v\n",   valB)
        fmt.Printf("Printf bool %%#v : %#v\n",   valB)
        fmt.Printf("Printf bool %%T : %T\n",   valB)
        fmt.Printf("Printf bool %%t : %t\n",   valB)
        fmt.Printf("Printf %%f : %f\n", 1.2+3.4i)

        s := fmt.Sprintf("a %s",   "string")
        fmt.Println(s)

        fmt.Fprintf(os.Stderr,   "an %s\n",   "error")
    }
```

程序输出:
```
    Printf struct %v : {John 28}
```

```
Printf struct %+v : {name:John age:28}
Printf struct %#v : main.User{name:"John", age:28}
Printf struct %T : main.User
Printf struct %p : 0xc000048400
Printf float64 %v : 32.9983
Printf float64 %+v : 32.9983
Printf float64 %#v : 32.9983
Printf float64 %T : float64
Printf float64 %f : 32.998300
Printf float64 %4.3f : 32.998
Printf float64 %8.3f :    32.998
Printf float64 %-8.3f : 32.998
Printf float64 %e : 3.299830e+01
Printf float64 %E : 3.299830E+01
Printf int %v : 89
Printf int %+v : 89
Printf int %#v : 89
Printf int %T : int
Printf int %d : 89
Printf int %8d :        89
Printf int %-8d : 89
Printf int %b : 1011001
Printf int %c : Y
Printf int %o : 131
Printf int %U : U+0059
Printf int %q : 'Y'
Printf int %x : 59
Printf string %v : Go is an open source programming language that makes it easy to build simple,  reliable,  and
efficient software.
Printf string %+v : Go is an open source programming language that makes it easy to build simple,  reliable,  and
efficient software.
Printf string %#v : "Go is an open source programming language that makes it easy to build simple,  reliable,  and
efficient software."
Printf string %T : string
Printf string %x : 476f20697320616e206f70656e20736f757263652070726f6772616d6d696e67206c616e6677
56167652074686174206d616b65732069742065617379206f2066756275696c642073696d706c652c202072656c6961626c65
2c2020616e64206566666696369656e7420736f6674776172652e
Printf string %X :
476F20697320616E206F70656E20736F757263652070726F6772616D6D696E67206C616E6F75616767652074686174206
D616B65732069742065617379206F4F206275696C642073696D706C652C202072656C6961626C652C2020616E64206
56666696369656E7420736F6674776172652E
Printf string %s : Go is an open source programming language that makes it easy to build simple,  reliable,  and
efficient software.
Printf string %200s
   Go is an open source programming language that makes it easy to build simple,  reliable,  and efficient
software.
Printf string %-200s : Go is an open source programming language that makes it easy to build simple,
reliable, and efficient software.
Printf string %q : "Go is an open source programming language that makes it easy to build simple,  reliable,  and
efficient software."
Printf bool %v : true
Printf bool %+v : true
Printf bool %#v : true
Printf bool %T : bool
Printf bool %t : true
```

```
Printf %f : (1.200000+3.400000i)
a string
an error
```

主要通过 fmt.Printf 来理解这些 verb 的含义，这对今后的开发有较强的实际作用。至于其他格式化函数，就不在这里一一举例说明了，读者如果有兴趣可以自己进一步研究。

14.6　flag 包

14.6.1　命令行

写命令行程序时需要对命令参数进行解析，这时可以使用标准库的 os 包。os 包可以通过变量 Args 来获取命令参数，os.Args 返回一个字符串数组，其中第一个参数就是执行文件本身。例如：

```
// GOPATH\src\go42\chapter-14\14.6\1\main.go

package main

import (
    "fmt"
    "os"
)

func main() {
    fmt.Println(os.Args)
    for k, v := range os.Args {
        fmt.Println(k, ":", v)
    }
}
```

编译后执行，这里编译为 1.exe 可执行文件，可以带上参数执行。

```
>1.exe config=".\config\server.conf"
[1.exe config=.\config\server.conf]
0 : 1.exe
1 : config=.\config\server.conf
```

可以看到，利用 os.Args 能得到需要的参数值。这种方式对于简单的参数格式还能使用，一旦面对复杂的参数格式，处理就比较费劲了。这时应选择标准库的 flag 包。

14.6.2　参数解析

flag 包是 Go 语言标准库提供的用来解析命令行参数的包，使得开发命令行工具更为简单。下面简单介绍 flag 包的用法。

首先，flag 包支持的标志格式有：

```
-flag    // 代表 bool 值，相当于-flag=true
-flag=x // 支持所有的值。
-flag x  // 不支持 bool 值标志
```

命令行参数（或参数）是指运行程序提供的参数，非 flag（non-flag）命令行参数（或保留的命令行参数）可以简单理解为 flag 包不能解析的参数。例如：

```
// GOPATH\src\go42\chapter-14\14.6\2\main.go

package main

import (
    "flag"
    "fmt"
    "os"
)

var (
    h, H bool

    v bool
    q *bool

    D      string
    Conf string
)

func init() {
    flag.BoolVar(&h, "h", false, "帮助信息")
    flag.BoolVar(&h, "H", false, "帮助信息")

    flag.BoolVar(&v, "v", false, "显示版本号")

    //
    flag.StringVar(&D, "D", "deamon", "set descripton ")
    flag.StringVar(&Conf, "Conf", "/dev/conf/cli.conf", "set Conf filename ")

    // 另一种绑定方式
    q = flag.Bool("q", false, "退出程序")

    // 像 flag.Xxx 函数格式都是一样的，第一个参数表示参数名称，
    // 第二个参数表示默认值，第三个参数表示使用说明和描述。
    // flag.XxxVar 这样的函数第一个参数换成了变量地址，
    // 后面的参数和 flag.Xxx 是一样的。

    // 改变默认的 Usage
    flag.Usage = usage

    flag.Parse()

    var cmd string = flag.Arg(0)

    fmt.Printf("----------------------\n")
    fmt.Printf("cli non=flags         : %s\n", cmd)

    fmt.Printf("q: %t\n", *q)

    fmt.Printf("descripton:    %s\n", D)
    fmt.Printf("Conf filename : %s\n", Conf)

    fmt.Printf("----------------------\n")
    fmt.Printf("there are %d non-flag input param\n", flag.NArg())
```

```
            for i, param := range flag.Args() {
                    fmt.Printf("#%d      :%s\n", i, param)
            }

    }

    func main() {
        flag.Parse()

        if h || H {
                flag.Usage()
        }
    }

    func usage() {
        fmt.Fprintf(os.Stderr, `CLI: 8.0
    Usage: Cli [-hvq] [-D descripton] [-Conf filename]

    `)
        flag.PrintDefaults()
    }
```

编译后执行:

```
>2.exe -D="host" -Conf="/dev/cli.conf"
cli non=flags
q: false
descripton:   host
Conf filename : dev/cli.conf
```

整体来说，上述实现还是比较简单的，命令行的实现基本还是上面那几步。

flag 包实现命令行参数的解析，大致需要以下几个步骤。

1. flag 参数定义或绑定

定义 flags 有两种方式:

（1）flag.Xxx()，其中 Xxx 可以是 Int、String 等，返回一个相应类型的指针，如:

```
var ip = flag.Int("flagname", 1234, "help message for flagname")
```

（2）flag.XxxVar()，将 flag 绑定到一个变量上，如:

```
var flagvar int
flag.IntVar(&flagvar, "flagname", 1234, "help message for flagname")
```

另外，还可以创建自定义 flag，只要实现 flag.Value 接口即可（要求 receiver 是指针）。这时候可以通过如下方式定义该 flag。

```
flag.Var(&flagVal, "name", "help message for flagname")
```

2. flag 参数解析

在所有的 flag 定义完成之后，可以通过调用 flag.Parse()进行解析。

根据 Parse()中 for 循环终止的条件，当 parseOne()方法返回 false，nil 时，Parse 解析终止。

```
s := f.args[0]
if len(s) == 0 || s[0] != '-' || len(s) == 1 {
    return false, nil
}
```

176

当遇到单独的一个"-"或不是以"-"开始的参数时，会停止解析。例如：./cli - -f 或./cli -f。这两种情况，-f 都不会被正确解析。这些参数称为 non-flag 参数。

parseOne 方法中接下来是处理-flag=x，然后是-flag（bool 类型）（这里对 bool 进行了特殊处理），接着是-flag x 这种形式，最后将解析成功的 Flag 实例存入 FlagSet 的 actual 字段中。

Arg(i int)和 Args()这两个方法就是获取 non-flag 参数的。NArg()获得 non-flag 的个数。NFlag()获得 FlagSet 中 actual 的长度（即被设置的参数个数）。

flag 解析遇到 non-flag 参数就停止了。所以如果将 non-flag 参数放在最前面，flag 什么也不会解析，因为 flag 遇到 non-flag 参数就停止解析了。

3．分支程序

根据参数值，代码进入分支程序，执行相关功能。下面的代码提供了 -h 参数的功能。

```
if h || H {
        flag.Usage()
}
```

总体而言，flag 包在处理命令行参数时是很有用的。但是在遇到更加复杂和参数多样化的命令行程序（如 go 命令）时，实现起来会比较费劲，这时可以考虑更方便的实现方式。

本书建议使用 Cobra，它是一个用来创建强大的现代 CLI 命令行程序的 Go 语言开源第三方包。它一方面比较适合构建复杂的命令行程序，另外一方面容易上手，如果读者打算开发较为复杂的命令行程序，建议了解这个第三方包。其地址为 https://github.com/spf13/cobra。

14.7　文件操作与 I/O

14.7.1　文件操作

对于文件和目录的操作，Go 语言主要在标准库的 os 包中提供了相应函数。

```
func Mkdir(name string, perm FileMode) error
func Chdir(dir string) error
func TempDir() string
func Rename(oldpath, newpath string) error
func Chmod(name string, mode FileMode) error
func Open(name string) (*File, error) {
    return OpenFile(name, O_RDONLY, 0)
}
func Create(name string) (*File, error) {
    return OpenFile(name, O_RDWR|O_CREATE|O_TRUNC, 0666)
}
func OpenFile(name string, flag int, perm FileMode) (*File, error) {
    testlog.Open(name)
    return openFileNolog(name, flag, perm)
}
```

从上面函数定义中可以发现一个情况，那就是 os 包中各个函数打开（创建）文件的操作，最终还是通过 OpenFile()函数来实现，而 OpenFile()由编译器根据操作系统的情况选择不同的底层功能来实现，对这个实现细节有兴趣的读者可以仔细了解 os 包，这里就不展开讲了。

os.Open(name string) 使用只读模式打开文件。

os.Create(name string) 创建新文件，如文件存在则原文件内容会丢失。

os.OpenFile(name string, flag int, perm FileMode) 这个函数可以指定 flag 和 FileMode。这三个函数都会返回一个文件对象。

OpenFile()函数的 flag 标志参数含义如下：

```
O_RDONLY int = syscall.O_RDONLY    // 只读打开文件和 os.Open()同义
O_WRONLY int = syscall.O_WRONLY    // 只写打开文件
O_RDWR   int = syscall.O_RDWR      // 读写方式打开文件
O_APPEND int = syscall.O_APPEND    // 当写的时候使用追加模式到文件末尾
O_CREATE int = syscall.O_CREAT     // 如果文件不存在，则创建
O_EXCL   int = syscall.O_EXCL      // 和 O_CREATE 一起使用，只有当文件不存在时才创建
O_SYNC   int = syscall.O_SYNC      // 以同步 I/O 方式打开文件，直接写入硬盘
O_TRUNC  int = syscall.O_TRUNC     // 如果可以的话，当打开文件时先清空文件
```

在标准库的 ioutil 包中，也可以对文件进行操作，主要有下面三个函数：

```
func ReadFile(filename string) ([]byte, error) // f, err := os.Open(filename)
func WriteFile(filename string, data []byte, perm os.FileMode) error   //os.OpenFile
func ReadDir(dirname string) ([]os.FileInfo, error) // f, err := os.Open(dirname)
```

这三个函数涉及文件 I/O 操作，而对文件的操作除了打开（创建）、关闭外，更主要的是对内容的读写操作，即文件 I/O 的处理。在 Go 语言中，I/O 操作在 Go 语言标准库的很多包中存在，很难完整地讲清楚。下面就尝试结合 io、ioutil、bufio 这三个标准库，讲一讲文件的 I/O 操作。

14.7.2　I/O 读写

Go 语言中，为了方便开发者使用，将 I/O 操作封装在了大概如下几个包中。

（1）io 包为 I/O 原语（I/O primitives）提供基本的接口。

（2）io/ioutil 包封装一些实用的 I/O 处理函数。

（3）fmt 包实现格式化 I/O，类似 C 语言中的 printf 和 scanf。

（4）bufio 包实现带缓冲 I/O。

在 io 包中最重要的是 Reader 和 Writer 接口。这两个接口是了解整个 I/O 的关键。实现了这两个接口，就有了 I/O 的功能。

```
type Reader interface {
    Read(p []byte) (n int, err error)
}
type Writer interface {
    Write(p []byte) (n int, err error)
}
```

有关缓冲，读者需要知道：

- 内核中的缓冲：无论进程是否提供缓冲，内核都是提供缓冲的，系统对磁盘的读写都会提供一个缓冲（内核高速缓冲），将数据写入到块缓冲进行排队，当块缓冲达到一定的量时，才把数据写入磁盘。
- 进程中的缓冲：是指对输入输出流进行改进，提供一个流缓冲，当调用一个函数向磁盘写数据时，先把数据写入缓冲区，当达到某个条件，如流缓冲已满或刷新流缓冲，这时候才会把数据一次送往内核提供的块缓冲中，再经块缓冲写入磁盘。

Go 语言提供了很多读写文件的方式，一般来说常用的有三种。

（1）os.File 实现了 Reader 和 Writer 接口，所以在文件对象上，可以直接读写文件。

```
func (f *File) Read(b []byte) (n int, err error)
func (f *File) Write(b []byte) (n int, err error)
```

在使用 File.Read 读文件时，可考虑使用 buffer。例如：

```go
// GOPATH\src\go42\chapter-14\14.7\1\main.go

package main

import (
    "fmt"
    "os"
)

func main() {
    b := make([]byte, 1024)
    f, err := os.Open("./tt.txt")   // 只读模式打开文件
    _, err = f.Read(b)
    f.Close()

    if err != nil {
        fmt.Println(err)
    }
    fmt.Println(string(b))

}
```

（2）ioutil 包，没有直接实现 Reader 和 Writer 接口，但是通过内部调用，也可读写文件内容。

```go
func ReadAll(r io.Reader) ([]byte, error)
func ReadFile(filename string) ([]byte, error)    //os.Open
func WriteFile(filename string, data []byte, perm os.FileMode) error    //os.OpenFile
func ReadDir(dirname string) ([]os.FileInfo, error)    // os.Open
```

（3）使用 bufio 包，这个包实现了 I/O 的缓冲操作，通过内嵌 io.Reader 和 io.Writer 接口，新建了 Reader 和 Writer 结构体，同时也实现了 Reader 和 Writer 接口。

```go
type Reader struct {
    buf          []byte
    rd           io.Reader // 客户端提供的 Reader
    r, w         int       // 缓冲区读写的位置
    err          error
    lastByte     int
    lastRuneSize int
}

type Writer struct {
    err error
    buf []byte
    n   int
    wr  io.Writer
}
```

```
func (b *Reader) Read(p []byte) (n int, err error) {
func (b *Writer) Write(p []byte) (nn int, err error) {
```

这三种读方式的效率怎么样呢？可以看看如下示例。

```go
// GOPATH\src\go42\chapter-14\14.7\2\main.go

package main

import (
    "bufio"
    "fmt"
    "io"
    "io/ioutil"
    "os"
    "time"
)

func read1(path string) {
    fi, err := os.Open(path)
    if err != nil {
        panic(err)
    }
    defer fi.Close()
    buf := make([]byte, 1024)
    for {
        n, err := fi.Read(buf)
        if err != nil && err != io.EOF {
            panic(err)
        }
        if 0 == n {
            break
        }
    }
}

func read2(path string) {
    fi, err := os.Open(path)
    if err != nil {
        panic(err)
    }
    defer fi.Close()
    r := bufio.NewReader(fi)
    buf := make([]byte, 1024)
    for {
        n, err := r.Read(buf)
        if err != nil && err != io.EOF {
            panic(err)
        }
        if 0 == n {
            break
        }
```

```
        }
    }

    func read3(path string) {
        fi, err := os.Open(path)
        if err != nil {
                panic(err)
        }
        defer fi.Close()
        _, err = ioutil.ReadAll(fi)
    }

    func main() {

        file := "" //找一个大的文件，如日志文件
        start := time.Now()
        read1(file)
        t1 := time.Now()
        fmt.Printf("Cost time %v\n", t1.Sub(start))
        read2(file)
        t2 := time.Now()
        fmt.Printf("Cost time %v\n", t2.Sub(t1))
        read3(file)
        t3 := time.Now()
        fmt.Printf("Cost time %v\n", t3.Sub(t2))
    }
```

经过多次测试，文件的读取时间基本保持 file.Read>ioutil>bufio 这样的成绩，bufio 读同一文件耗费时间最少，效果最佳。写文件效率就不在此讨论了。

14.7.3　ioutil 包读写

下面的代码使用 ioutil 包实现两种读文件、一种写文件的方法，其中 ioutil.ReadAll 可以读取所有 io.Reader 流。所以在网络连接中，也经常使用 ioutil.ReadAll 来读取流。

```
// GOPATH\src\go42\chapter-14\14.7\3\main.go

package main

import (
    "fmt"
    "io/ioutil"
    "os"
)

func main() {
    fileObj, err := os.Open("./tt.txt")
    defer fileObj.Close()

    Contents, _ := ioutil.ReadAll(fileObj)
    fmt.Println(string(contents))
```

```
        if contents, _ := ioutil.ReadFile("./tt.txt"); err == nil {
                fmt.Println(string(contents))
        }

        ioutil.WriteFile("./t3.txt", contents, 0666)

}
```

14.7.4 bufio 包读写

bufio 包通过 bufio.NewReader 和 bufio.NewWriter 来创建 I/O 方法集，利用缓冲来处理流。例如：

```
// GOPATH\src\go42\chapter-14\14.7\4\main.go

package main

import (
    "bufio"
    "fmt"
    "os"
)

func main() {
    fileObj, _ := os.OpenFile("./tt.txt", os.O_RDWR|os.O_CREATE, 0666)
    defer fileObj.Close()

    Rd := bufio.NewReader(fileObj)
    cont, _ := Rd.ReadSlice('#')
    fmt.Println(string(cont))

    Wr := bufio.NewWriter(fileObj)
    Wr.WriteString("WriteString writes a ## string.")
    Wr.Flush()
}
```

程序输出：

```
WriteString writes a #
```

上面代码的文件打开方式为 os.O_RDWR|os.O_CREATE，所以会在文件尾追加内容，不会每次运行程序都清空内容。

bufio 包中，主要方法如下：

```
// NewReaderSize 将 rd 封装成一个带缓存的 bufio.Reader 对象，
// 缓存大小由 size 指定（如果小于 16 则会被设置为 16）。
func NewReaderSize(rd io.Reader, size int) *Reader

// NewReader 相当于 NewReaderSize(rd, 4096)
func NewReader(rd io.Reader) *Reader

// Peek 返回缓存的一个切片，该切片引用缓存中前 n 个字节的数据。
// 如果 n 大于缓存的总大小，则返回当前缓存中能读到的字节的数据。
func (b *Reader) Peek(n int) ([]byte, error)
```

// Read 从 b 中读出数据到 p 中，返回读出的字节数和遇到的错误。
// 如果缓存不为空，则只能读出缓存中的数据，不会从底层 io.Reader
// 中提取数据，如果缓存为空，则：
// 1、len(p) >= 缓存大小，则跳过缓存，直接从底层 io.Reader 中读出到 p 中。
// 2、len(p) < 缓存大小，则先将数据从底层 io.Reader 中读取到缓存中，
// 再从缓存读取到 p 中。
func (b *Reader) Read(p []byte) (n int, err error)

// Buffered 该方法返回从当前缓存中能被读到的字节数。
func (b *Reader) Buffered() int

// Discard 方法跳过后续的 n 个字节的数据，返回跳过的字节数。
func (b *Reader) Discard(n int) (discarded int, err error)

// ReadSlice 在 b 中查找 delim 并返回 delim 及其之前的所有数据。
// 该操作会读出数据，返回的切片是已读出的数据的引用，切片中的数据在下一次
// 读取操作之前是有效的。
// 如果找到 delim，则返回查找结果，err 返回 nil。
// 如果未找到 delim，则：
// 1、缓存不满，则将缓存填满后再次查找。
// 2、缓存是满的，则返回整个缓存，err 返回 ErrBufferFull。
// 如果未找到 delim 且遇到错误（通常是 io.EOF），则返回缓存中的所有数据
// 和遇到的错误。
// 因为返回的数据有可能被下一次的读写操作修改，所以大多数操作应该使用
// ReadBytes 或 ReadString，它们返回的是数据的副本。
func (b *Reader) ReadSlice(delim byte) (line []byte, err error)

// ReadLine 是一个低水平的行读取原语，大多数情况下，应该使用 ReadBytes('\n')
// 或 ReadString('\n')，或者使用一个 Scanner。
// ReadLine 通过调用 ReadSlice 方法实现，返回的也是缓存的切片。
// 用于读取一行数据，不包括行尾标记（\n 或 \r\n）。
// 只要能读出数据，err 就为 nil。如果没有数据可读，则 isPrefix
// 返回 false，err 返回 io.EOF。
// 如果找到行尾标记，则返回查找结果，isPrefix 返回 false。
// 如果未找到行尾标记，则：
// 1、缓存不满，则将缓存填满后再次查找。
// 2、缓存是满的，则返回整个缓存，isPrefix 返回 true。
// 整个数据尾部"有一个换行标记"和"没有换行标记"的读取结果是一样。
// 如果 ReadLine 读取到换行标记，则调用 UnreadByte 撤销的是换行标记，
// 而不是返回的数据。
func (b *Reader) ReadLine() (line []byte, isPrefix bool, err error)

// ReadBytes 功能同 ReadSlice，只不过返回的是缓存的副本。
func (b *Reader) ReadBytes(delim byte) (line []byte, err error)

// ReadString 功能同 ReadBytes，只不过返回的是字符串。
func (b *Reader) ReadString(delim byte) (line string, err error)

// Reset 将 b 的底层 Reader 重新指定为 r，同时丢弃缓存中的所有数据，
// 复位所有标记和错误信息。 bufio.Reader。
func (b *Reader) Reset(r io.Reader)

下面这段代码用到 peek()，Discard()等方法，可以修改方法参数值。读者可以仔细体会。

```go
// GOPATH\src\go42\chapter-14\14.7\5\main.go

package main

import (
    "bufio"
    "fmt"
    "strings"
)

func main() {
    sr := strings.NewReader("ABCDEFGHIJKLMNOPQRSTUVWXYZ1234567890")
    buf := bufio.NewReaderSize(sr, 0) //默认 16
    b := make([]byte, 10)

    fmt.Println("==", buf.Buffered()) // 0
    s, _ := buf.Peek(5)
    fmt.Printf("%d ==   %q\n", buf.Buffered(), s) // ABCDE
    nn, er := buf.Discard(3)
    fmt.Println(nn, er)

    for n, err := 0, error(nil); err == nil; {
        fmt.Printf("Buffered:%d ==Size:%d== n:%d==  b[:n] %q ==  err:%v\n", buf.Buffered(), buf.Size(), n, b[:n], err)
        n, err = buf.Read(b)
        fmt.Printf("Buffered:%d ==Size:%d== n:%d==  b[:n] %q ==  err: %v == s: %s\n", buf.Buffered(), buf.Size(), n, b[:n], err, s)
    }

    fmt.Printf("%d ==   %q\n", buf.Buffered(), s)
}
```

14.7.5 log 包日志操作

日志的重要性在程序中是不言而喻的，在 Go 语言标准库中提供了 log 包作为日志处理专用包。在一般的开发应用中，经常会使用这个包，这个包会默认把日志输出到标准设备上。

log 包最主要的结构体是 Logger：

```go
type Logger struct {
    mu     sync.Mutex   // ensures atomic writes; protects the following fields
    prefix string       // prefix to write at beginning of each line
    flag   int          // properties
    out    io.Writer    // destination for output
    buf    []byte       // for accumulating text to write
}

func New(out io.Writer, prefix string, flag int) *Logger
```

日志写入时存在缓冲区，而且有互斥锁来保证操作的原子性，这两点对日志处理的安全性和写性能都有一定的保证。输出默认是 os.Stderr。可以设置日志前缀信息 prefix，可以指定日志

flag 如时间格式、记录代码文件名和行数。下面考虑写入到日志文件 My.Log，并通过 SetPrefix()
设置日志的前缀。

```go
// GOPATH\src\go42\chapter-14\14.7\6\main.go

package main

import (
    "log"
    "os"
)

func main() {
    LogFile, err := os.OpenFile("./My.log", os.O_CREATE|os.O_RDWR|os.O_APPEND, 0644)
    //若文件不存在就创建文件并打开
    defer LogFile.Close()

    if err != nil {
            log.Fatalln("fail to create My.log file!")
    }

    logger := log.New(LogFile, "[info]", log.Ldate|log.Ltime|log.Llongfile)
    logger.Println("Log info")

    logger.SetPrefix("[debug]")
    logger.Println("Log Debug")
}
```

有关 I/O，本节主要讲了针对文件的处理。后面在网络 I/O 处理中，将会接触到更多的方式
和方法。

第15章 网络服务

15.1 Socket

15.1.1 Socket 基础知识

TCP/IP、UDP 构成了网络通信的基石,TCP/IP 是面向连接的通信协议,要求建立连接时进行 3 次握手确保连接已被建立,关闭连接时需要 4 次通信(挥手)来保证客户端和服务端都已经关闭。在通信过程中还要保证数据不丢失,在连接不畅通时还需要进行超时重试等等。

Socket 就是封装了这一套基于 TCP/UDP/IP 的细节,提供了一系列套接字接口进行通信。

Socket 有两种:TCP Socket 和 UDP Socket,TCP 和 UDP 是协议,要确定一个进程需要三元组,因此还需要 IP 地址和端口。

(1) IPv4 地址

目前全球因特网采用的协议族是 TCP/IP。IP 是 TCP/IP 中网络层的协议,是 TCP/IP 协议族的核心协议。主要采用的 IP 的版本号是 4(简称为 IPv4),IPv4 的地址位数为 32 位,也就是最多有 2^{32} 个网络设备可以连到 Internet 上。

IPv4 地址格式举例:127.0.0.1。

(2) IPv6 地址

IPv6 是新一版本的互联网协议,也可以说是新一代互联网的协议,它是为了解决 IPv4 在实施过程中遇到的各种问题而提出的,IPv6 采用 128 位地址长度,几乎可以不受限制地提供地址。在 IPv6 的设计过程中除了一劳永逸地解决了地址短缺的问题外,还考虑了在 IPv4 中解决不好的其他问题,如端到端 IP 连接、服务质量(QoS)、安全性、多播、移动性、即插即用等。

IPv6 地址格式举例:2002:c0e8:82e7:0:0:0:c0e8:82e7。

15.1.2 TCP 与 UDP

Go 语言是自带运行时的跨平台编程语言,Go 语言中暴露给使用者的 socket 是建立在系统原生 socket 编程接口之上的,使用相对简单。主要是标准库的 net 包提供了系列网络服务。

TCP 连接的建立需要经历客户端和服务端的三次握手的过程。Go 语言 net 包封装了系列 API,在 TCP 连接中,服务端是一个标准的 Listen + Accept 的结构,而在客户端 Go 语言使用 net.Dial 或 DialTimeout 进行连接建立。

在 Go 语言的 net 包中有一个类型 TCPConn(只有一个嵌入字段 Conn),可以用作客户端和服务器端交互的通道,它有两个主要的方法。

```
func (c *TCPConn) Write(b []byte) (n int, err os.Error)
func (c *TCPConn) Read(b []byte) (n int, err os.Error)
```

这两个方法实现了 Reader 和 Writer 接口，在 14.7.2 节中讲过，实现这两个接口方法就拥有了文件的读写能力。类似于文件读写，TCPConn 用这两个方法可以在客户端和服务器端来读写数据。

在 Go 语言中通过 ResolveTCPAddr 获取一个 TCPAddr：

```
func ResolveTCPAddr(net, addr string) (*TCPAddr, os.Error)
```

ResolveTCPAddr()函数的参数 net 是 tcp4，tcp6，tcp 中的任意一个，分别表示 TCP（IPv4-only），TCP（IPv6-only）或 TCP（IPv4，IPv6 中的任意一个）。

参数 addr 表示域名或者 IP 地址，例如 www.google.com:80 或者 127.0.0.1:22。

下面来看一个 TCP 连接建立的具体代码。

服务端代码如下：

```go
// GOPATH\src\go42\chapter-15\15.1\1\main.go

// tcp server 服务端代码

package main

import (
    "bufio"
    "fmt"
    "io"
    "net"
    "time"
)

func main() {

    var tcpAddr *net.TCPAddr
    tcpAddr, _ = net.ResolveTCPAddr("tcp", "127.0.0.1:999")
    tcpListener, _ := net.ListenTCP("tcp", tcpAddr)
    defer tcpListener.Close()

    fmt.Println("Server ready to read ...")
    for {
        tcpConn, err := tcpListener.AcceptTCP()
        if err != nil {
            fmt.Println("accept error:", err)
            continue
        }
        fmt.Println("A client connected : " + tcpConn.RemoteAddr().String())
        go tcpPipe(tcpConn)
    }
}

func tcpPipe(conn *net.TCPConn) {
    ipStr := conn.RemoteAddr().String()
    defer func() {
        fmt.Println(" Disconnected : " + ipStr)
        conn.Close()
```

```
        }()
        reader := bufio.NewReader(conn)
        i := 0
        for {
                message, err := reader.ReadString('\n') //将数据按照换行符进行读取。
                if err != nil || err == io.EOF {
                        break
                }
                fmt.Println(string(message))
                time.Sleep(time.Second * 3)
                msg := time.Now().String() + conn.RemoteAddr().String() + " Server Say hello! \n"
                b := []byte(msg)
                conn.Write(b)
                i++
                if i > 10 {
                        break
                }
        }
}
```

服务端 tcpListener.AcceptTCP()接受一个客户端连接请求，通过 go tcpPipe(tcpConn)开启一个新协程来管理这对连接。在 func tcpPipe(conn *net.TCPConn)中，处理服务端和客户端数据的交换，通过 bufio.NewReader 读取客户端发送过来的数据，同时 conn.Write(b)向客户端发送数据。

客户端代码如下：

```
// GOPATH\src\go42\chapter-15\15.1\2\main.go

// tcp client

package main

import (
        "bufio"
        "fmt"
        "io"
        "net"
        "time"
)

func main() {
        var tcpAddr *net.TCPAddr
        tcpAddr, _ = net.ResolveTCPAddr("tcp", "127.0.0.1:999")
        conn, err := net.DialTCP("tcp", nil, tcpAddr)
        if err != nil {
                fmt.Println("Client connect error ! " + err.Error())
                return
        }
        defer conn.Close()
        fmt.Println(conn.LocalAddr().String() + " : Client connected!")
        onMessageRecived(conn)
}
```

```
func onMessageRecived(conn *net.TCPConn) {
    reader := bufio.NewReader(conn)
    b := []byte(conn.LocalAddr().String() + " Say hello to Server... \n")
    conn.Write(b)
    for {
        msg, err := reader.ReadString('\n')
        fmt.Println("ReadString")
        fmt.Println(msg)

        if err != nil || err == io.EOF {
            fmt.Println(err)
            break
        }
        time.Sleep(time.Second * 2)
        fmt.Println("writing...")
        b := []byte(conn.LocalAddr().String() + " write data to Server... \n")
        _, err = conn.Write(b)
        if err != nil {
            fmt.Println(err)
            break
        }
    }
}
```

客户端 net.DialTCP("tcp", nil, tcpAddr) 向服务端发起一个连接请求，调用 onMessage
Recived(conn)，处理客户端和服务端数据的发送与接收。在 func onMessageRecived(conn *net.
TCPConn) 中，通过 bufio.NewReader 读取服务端发送过来的数据。

可以试着运行一下上面两个例子，客户端程序可以同时运行多个，即使多个客户端都是同
一个端口。

net.ResolveTCPAddr("tcp", "127.0.0.1:999")

Go 语言隐藏了 I/O 多路复用的复杂性，这大大降低了开发难度。

当然，这两个例子只是简单的 TCP 连接，在实际中，可能还需要定义消息传递的协议。用
Socket 进行通信，发送的数据包一定是有结构的，例如：数据头+数据长度+数据内容+校验码+
数据尾。而在 TCP 流传输的过程中，可能会出现分包与黏包的现象。为了解决这些问题，需要
自定义通信协议进行封包与解包。对这方面内容有兴趣的读者可以了解更多相关知识。

15.2　模板（Template）

fmt.Printf 可以做到格式化输出，这对于简单的例子已经足够，但是有时候还需要更加复杂
的输出格式，甚至需要将格式与代码分离开来。这时，可以使用 Go 官方标准库提供的两个包：
text/template 和 html/template。

15.2.1　text/template 包

text/template 包提供了处理文字模板与数据的功能，即模板引擎。

所谓模板引擎，就是将模板和数据进行渲染的输出格式化后的字符程序。对于 Go 语言而
言，执行这个流程大概需要三步。

1）创建模板对象

2）加载模板

3）执行渲染模板

其中最后一步就是把加载的字符和数据进行格式化。

下面看一段代码。

```
// GOPATH\src\go42\chapter-15\15.2\1\main.go

package main

import (
    "log"
    "os"
    "text/template"
)

// printf "%6.2f" 表示 6 位宽度 2 位精度
const templ = `
{{range .}}----------------------------------------
Name:    {{.Name}}
Price:   {{.Price | printf "%6.2f"}}
{{end}}`

var report = template.Must(template.New("report").Parse(templ))

type Book struct {
    Name    string
    Price float64
}

func main() {
    Data := []Book{{"《三国演义》", 19.82}, {"《儒林外史》", 99.09}, {"《史记》", 26.89}}
    if err := report.Execute(os.Stdout, Data); err != nil {
        log.Fatal(err)
    }
}
```

程序输出如下：

```
----------------------------------------
Name:    《三国演义》
Price:   19.82
----------------------------------------
Name:    《儒林外史》
Price:   99.09
----------------------------------------
Name:    《史记》
Price:   26.89
```

上述代码中，templ 就是一段模板文字。现在把这个模板内容存在一个文本文件 tmp.txt 里。模板文件 tmp.txt 内容如下：

```
{{range .}}----------------------------------------
```

```
        Name:      {{.Name}}
        Price:     {{.Price | printf "%6.2f"}}
        {{end}}
```

接下来，使用 template.ParseFiles("tmp.txt")来加载模板文件，并最终执行渲染模板结果。示例代码如下：

```
// GOPATH\src\go42\chapter-15\15.2\2\main.go

package main

import (
        "log"
        "os"
        "text/template"
)

var report = template.Must(template.ParseFiles("tmp.txt"))

type Book struct {
        Name   string
        Price float64
}

func main() {
        Data := []Book{{"《三国演义》", 19.82}, {"《儒林外史》", 99.09}, {"《史记》", 26.89}}
        if err := report.Execute(os.Stdout, Data); err != nil {
                log.Fatal(err)
        }
}
```

程序输出如下：

```
---------------------------------------
Name:      《三国演义》
Price:     19.82
---------------------------------------
Name:      《儒林外史》
Price:     99.09
---------------------------------------
Name:      《史记》
Price:     26.89
```

使用 template.ParseFiles("tmp.txt")加载模板文件时，如有多个.txt 模板文件，可以用 template.ParseGlob(*.txt)这种正则匹配模式来加载模板文件，当然也可以使用 template.ParseFiles("a.txt", "b.txt","c.txt")这种方式加载。template.Must()函数的作用是检测现模板是否正确。

15.2.2　html/template 包

和 text/template 类似，html/template 主要提供支持 HTML 模板的功能，二者使用方法差不多，下面来看看 Go 语言利用 html/template 怎样实现一个动态 HTML 页面。
index.html.tmpl 模板文件如下：

```
<!doctype html>
 <head>
  <meta charset="UTF-8">
  <meta name="Author" content="">
  <meta name="Keywords" content="">
  <meta name="Description" content="">
  <title>Go</title>
 </head>
 <body>
    {{.}}
 </body>
</html>
```

Go 语言程序代码如下:

```
// GOPATH\src\go42\chapter-15\15.2\3\main.go

package main

import (
        "net/http"
        "text/template"
)

func tHandler(w http.ResponseWriter, r *http.Request) {
        t := template.Must(template.ParseFiles("index.html.tmpl"))
        t.Execute(w, "Hello World!")
}

func main() {
        http.HandleFunc("/", tHandler)
        http.ListenAndServe(":8080", nil)          // 启动 Web 服务
}
```

运行程序，在浏览器中打开 http://localhost:8080/，可以看到浏览器页面显示 Hello World! 如果模板文件这时有修改，刷新浏览器后页面也会立即更新，这个过程并不需要重启 Web 服务。

从上面简单的代码中可以看到，通过 ParseFile()加载了单个 HTML 模板文件，当然也可以使用 ParseGlob()加载多个模板文件。

如果最终的页面是多个模板文件的嵌套结果，ParseFiles()函数也支持加载多个模板文件，模板对象的名字则是第一个模板文件的文件名。

如果需要把数据传递到指定模板执行渲染，可以使用 ExecuteTemplate()，这个方法可用于执行指定名字的模板，因为在多个模板文件加载情况下，需要指定特定的模板渲染执行。示例如下。

Layout.html.tmpl 模板如下:

```
{{ define "layout" }}

<!doctype html>
 <head>
  <meta charset="UTF-8">
  <meta name="Author" content="">
```

```
        <meta name="Keywords" content="">
        <meta name="Description" content="">
        <title>Go</title>
    </head>
    <body>
        {{ . }}

        {{ template "index" }}
    </body>
</html>

{{ end }}
```

注意模板文件开头，根据模板语法定义了模板名字{{define "layout"}}。

在模板 layout 中，通过 {{ template "index" }} 嵌入了模板 index，也就是第二个模板文件 index.html.tmpl，这个模板文件定义了模板名{{define "index"}}。

Index.html.tmpl 模板如下：

```
{{ define "index" }}

<div>
<b>Go 语言值得你拥有！</b>
</div>
{{ end }}
```

注意：将数据应用于模板来执行数据渲染可获得输出。模板执行时会遍历数据结构并将指针表示为“.”，它指向运行过程中数据结构的当前位置的值。

在模板中加入“.”表示在该模板中使用传入的数据结构，否则不能显示该数据。使用 ExecuteTemplate()为指定模板传入数据结构。

例如下面的代码，通过 ExecuteTemplate(w, "layout", "Hello World!")为名字为 layout 的模板传入字符串"Hello World!"。渲染时 layout 模板中的{{ . }}会接收这个字符串并显示出来。

```
// GOPATH\src\go42\chapter-15\15.2\4\main.go

package main

import (
    "net/http"
    "text/template"
)

func tHandler(w http.ResponseWriter, r *http.Request) {
    t, err := template.ParseFiles("layout.html.tmpl", "index.html.tmpl")
    t.ExecuteTemplate(w, "layout", "Hello World!")
}

func main() {
    http.HandleFunc("/", tHandler)
    http.ListenAndServe(":8080", nil)
}
```

运行程序，在浏览器中打开 http://localhost:8080/，显示内容如图 15-1 所示。

Hello World!
Go 语言值得你拥有！

图 15-1　显示内容

15.2.3　模板语法

模板使用起来比较灵活，如果要用好模板功能，需要对模板的语法有一定了解，下面简单介绍一些语法功能。

（1）模板标签

{{　}}　　　模板标签用"{{"和"}}"括起来。

（2）注释

{{/* a comment */}}　　　使用{{/*和*/}}来包含注释内容。

（3）变量

{{.}}　　　此标签输出当前对象的值。

{{.Admpub}}　　　表示输出对象中字段或方法名称为 Admpub 的值。

当 Admpub 是匿名字段时，可以访问其内部字段或方法，如"Com"：{{.Admpub.Com}}。如果 Com 是一个方法并返回一个结构体对象，同样也可以访问其字段或方法：{{.Admpub.Com.Field1}}。

{{.Method1 "参数值 1""参数值 2"}}　　　调用方法 Method1，将后面的参数值依次传递给此方法，并输出其返回值。

{{$admpub}}　　　此标签用于输出在模板中定义的名称为"admpub"的变量。当$admpub 本身是一个结构体对象时，可访问其字段{{$admpub.Field1}}。

在模板中定义变量，变量名称用字母和数字组成，并加上$前缀，采用简式赋值。

例如：{{$x := "OK"}} 或 {{$x := pipeline}}。

（4）通道函数

{{FuncName1}}　　　此标签将调用名称为"FuncName1"的模板函数（等同于执行"FuncName1()"，不传递任何参数）并输出其返回值。

{{FuncName1 "参数值 1""参数值 2"}}　　　此标签将调用 FuncName1("参数值 1", "参数值 2")，并输出其返回值。

{{.Admpub|FuncName1}}　　　此标签将调用名称为"FuncName1"的模板函数（等同于执行"FuncName1(this.Admpub)"，将竖线"|"左边的".Admpub"变量值作为函数参数传送）并输出其返回值。

（5）条件判断

{{if pipeline}} T1 {{end}}　　　标签结构为{{if ...}} ... {{end}}。

{{if pipeline}} T1 {{else}} T0 {{end}}　　　标签结构为{{if ...}} ... {{else}} ... {{end}}。

{{if pipeline}} T1 {{else if pipeline}} T0 {{end}}　　　标签结构为{{if ...}} ... {{else if ...}} ... {{end}}。

其中 if 后面可以是一个条件表达式（包括通道函数表达式），也可以是一个字符串变量或布尔值变量。当为字符串变量时，如为空字符串则判断为 false，否则判断为 true。

（6）循环遍历

{{range $k, $v := .Var}} {{$k}} => {{$v}} {{end}}　　range...end 结构内部如要使用外部的变量，如.Var2，需要写为：$.Var2（即在外部变量名称前加字符$）。

{{range .Var}} {{.}} {{end}}　　将遍历值直接显示出来。

{{range pipeline}} T1 {{else}} T0 {{end}}　　当没有可遍历的值时，将执行 else 部分。

（7）嵌入子模板

{{template "name"}}　　嵌入名称为"name"的子模板。使用前请确保已经用{{define "name"}}子模板内容{{end}}定义好了子模板内容。

{{template "name" pipeline}}　　将通道的值赋给子模板中的"."（即"{{.}}"）。

（8）子模板嵌套

```
{{define "T1"}}ONE{{end}}
{{define "T2"}}TWO{{end}}
{{define "T3"}}{{template "T1"}} {{template "T2"}}{{end}}
{{template "T3"}}
```

输出如下：

```
ONE TWO
```

（9）定义局部变量

{{with pipeline}} T1 {{end}}　　通道的值将赋给该标签内部的"."。"内部"是指被{{with pipeline}}...{{end}}包围起来的部分，即 T1 所在位置。

{{with pipeline}} T1 {{else}} T0 {{end}}　　如果通道的值为空，"."不受影响并且执行 T0，否则，将通道的值赋给"."并且执行 T1。

{{end}}标签是 if、with、range 的结束标签。

（10）输出字符串

{{"\"output\""}}　　输出一个字符串常量。

{{`"output"`}}　　输出一个原始字符串常量。

{{printf "%q""output"}}　　函数调用，相当于 printf("%q", "output")。

{{"output" | printf "%q"}}　　竖线"|"左边的结果作为函数最后一个参数，相当于 printf("%q", "output")。

{{printf "%q" (print "out""put")}}　　圆括号中表达式的整体结果作为 printf 函数的参数，相当于 printf("%q", print("out", "put"))。

{{"put" | printf "%s%s""out" | printf "%q"}}　　一个更复杂的调用，相当于 printf("%q", printf("%s%s", "out", "put"))。

{{"output"|printf "%s" | printf "%q"}}　　相当于 printf("%q", printf("%s", "output"))。

{{with "output"}}{{printf "%q" .}}{{end}}　　一个使用点号"."的 with 操作，相当于 printf("%q", "output")。

{{with $x := "output" | printf "%q"}}{{$x}}{{end}}　　with 结构定义变量，值为执行通道函数之后的结果，相当于 $x := printf("%q", "output")。

{{with $x := "output"}}{{printf "%q" $x}}{{end}}　　with 结构中，在其他动作中使用定义的变量。

{{with $x := "output"}}{{$x | printf "%q"}}{{end}}　　with 结构使用了通道，相当于 printf("%q", "output")。

（11）预定义的模板全局函数

{{and x y}}　　模板全局函数 and，如果 x 为真，返回 y，否则返回 x。相当于 Go 中的 x && y。

{{call .X.Y 1 2}}　　模板全局函数 call，后面的第一个参数的结果必须是一个函数（即这是一个函数类型的值），其余参数作为该函数的参数。

该函数必须返回一个或两个结果值，其中第二个结果值是 error 类型。

如果传递的参数与函数定义的不匹配或返回的 error 值不为 nil，则停止执行。

{{html }}　　模板全局函数 html，转义文本中的 html 标签，如将 "<" 转义为 "<"，">" 转义为 ">"等。

{{index x 1 2 3}}　　模板全局函数 index，返回 index 后面的第一个参数的某个索引对应的元素值，其余的参数为索引值。x 必须是一个 map、slice 或数组。

{{js}}　　模板全局函数 js，返回用 JavaScript 的 escape 处理后的文本。

{{len x}}　　模板全局函数 len，返回参数的长度值（int 类型）。

{{not x}}　　模板全局函数 not，返回单一参数的布尔否定值。

{{or x y}}　　模板全局函数 or，如果 x 为真，返回 x，否则返回 y。相当于 Go 中的 x || y。

{{print }}　　模板全局函数 print，fmt.Sprint 的别名。

{{printf }}　　模板全局函数 printf，fmt.Sprintf 的别名。

{{println }}　　模板全局函数 println，fmt.Sprintln 的别名。

{{urlquery }}　　模板全局函数 urlquery，返回适合在 URL 查询中嵌入到形参中的文本转义值。类似于 PHP 的 urlencode。

（12）布尔函数

{{eq arg1 arg2}}　　布尔函数 eq，返回表达式"arg1 == arg2"的布尔值。

{{ne arg1 arg2}}　　布尔函数 ne，返回表达式"arg1 != arg2"的布尔值。

{{lt arg1 arg2}}　　布尔函数 lt，返回表达式"arg1 < arg2"的布尔值。

{{le arg1 arg2}}　　布尔函数 le，返回表达式"arg1 <= arg2"的布尔值。

{{gt arg1 arg2}}　　布尔函数 gt，返回表达式"arg1 > arg2"的布尔值。

{{ge arg1 arg2}}　　布尔函数 ge，返回表达式"arg1 >= arg2"的布尔值。

布尔函数对任何零值返回 false，非零值返回 true。对于简单的多路相等测试，eq 只接受两个参数进行比较，后面其他的参数将依次与第一个参数进行比较。例如：

```
{{eq arg1 arg2 arg3 arg4}}
```

相当于

```
arg1==arg2 || arg1==arg3 || arg1==arg4
```

15.3　net/http 包

在 Go 语言中，可以非常快速地搭建一个 HTTP 服务器，因为只需要引入 net/http 包，写几行代码，一个 HTTP 服务器就可以正常运行并接受访问请求。

下面就是 Go 语言实现的最简单的 HTTP 服务器，类似代码在 15.2 节中已经出现过。现在来了解一下 net/http 这个非常强悍的包。

```
// GOPATH\src\go42\chapter-15\15.3\1\main.go

package main

import (
        "fmt"
        "net/http"
)

func myfunc(w http.ResponseWriter, r *http.Request) {
        fmt.Fprintf(w, "hi")
}

func main() {
        http.HandleFunc("/", myfunc)
        http.ListenAndServe(":8080", nil)
}
```

编译并运行程序，然后打开浏览器访问 http://localhost:8080/，可以看到网页输出"hi"。就这么简单地实现了一个 HTTP 服务器。

下面通过分析 net/http 的源代码，来深入理解这个包的实现原理。在 net/http 源代码中，读者可以深深体会到 Go 语言的结构体（以及自定义类型）、接口、方法简单组合的设计哲学。这个包最主要的文件有四个，分别是：

- client.go
- server.go
- request.go
- response.go

这四个文件也分别代表了 HTTP 中最重要的四个部分，即 http Request、http Response、http Client 和 http Server。所以先从这四个方面来了解 net/http 包。

15.3.1　http Request

http Request 是由 http Client 发出的消息，用来请求服务器执行相应动作。发出的消息包括起始行、Headers 和 Body。

在 net/http 包中，request.go 文件定义了结构体。

```
type Request struct
```

http Request 请求是 http Client 客户端向 http Server 服务端发出的消息，或者是 http Server 服务端收到的一个请求，但是 http Server 服务端和 http Client 客户端使用 Request 时语义区别很大。一般使用 http.NewRequest 来构造一个 http Request 请求，可能包括 http Headers 信息、cookies 信息等，然后发给服务端。

以下是 request.go 文件中和 http Request 相关的方法，利用这些方法可以构造出各种 http Request。

```
// 利用指定的 method, url 以及可选的 body 返回一个新的请求。如果 body 参数实现了
// io.Closer 接口，Request 返回值的 Body 字段会被设置为 body，并会被 Client
// 类型的 Do、Post 和 PostForm 方法以及 Transport.RoundTrip 方法关闭。
func NewRequest(method, urlStr string, body io.Reader) (*Request, error)
```

```
// 从 b 中读取和解析一个请求。
func ReadRequest(b *bufio.Reader) (req *Request, err error)

// 给 request 添加 cookie, AddCookie 向请求中添加一个 cookie。按照 RFC 6265
// section 5.4 的规则, AddCookie 不会添加超过一个 Cookie 头字段。
// 这表示所有的 cookie 都写在同一行, 用分号分隔（cookie 内部用逗号分隔属性）。
func (r *Request) AddCookie(c *Cookie)

// 返回 request 中指定名 name 的 cookie, 如果没有发现, 返回 ErrNoCookie。
func (r *Request) Cookie(name string) (*Cookie, error)

// 返回该请求的所有 cookies
func (r *Request) Cookies() []*Cookie

// 利用提供的用户名和密码给 http 基本权限提供具有一定权限的 header。
// 当使用 http 基本授权时, 用户名和密码是不加密的。
func (r *Request) SetBasicAuth(username, password string)

// 如果在 request 中发送, 该函数返回客户端的 user-Agent
func (r *Request) UserAgent() string

// 对于指定格式的 key, FormFile 返回符合条件的第一个文件, 如果有必要的话,
// 该函数会调用 ParseMultipartForm 和 ParseForm。
func (r *Request) FormFile(key string) (multipart.File, *multipart.FileHeader, error)

// 返回 key 获取的队列中第一个值。在查询过程中 post 和 put 中的主题参数优先级
// 高于 url 中的 value。为了访问相同 key 的多个值, 调用 ParseForm 然后直接
// 检查 RequestForm。
func (r *Request) FormValue(key string) string

// 如果这是一个由多部分组成的 post 请求, 该函数将会返回一个多部分的 reader,
// 否则返回一个 nil 和 error。使用本函数代替 ParseMultipartForm
// 可以将请求 body 当作流 stream 来处理。
func (r *Request) MultipartReader() (*multipart.Reader, error)

// 解析 URL 中的查询字符串, 并将解析结果更新到 r.Form 字段。对于 POST 或 PUT
// 请求, ParseForm 还会将 body 当作表单解析, 并将结果既更新到 r.PostForm 也
// 更新到 r.Form。解析结果中, POST 或 PUT 请求主体要优先于 URL 查询字符串
// （同名变量, 主体的值在查询字符串的值前面）。如果请求的主体的大小没有被
// MaxBytesReader 函数设定限制, 其大小默认限制为开头 10MB。
// ParseMultipartForm 会自动调用 ParseForm。重复调用本方法是无意义的。
func (r *Request) ParseForm() error

// ParseMultipartForm 将请求的主体作为 multipart/form-data 解析。
// 请求的整个主体都会被解析, 得到的文件记录最多有 maxMemery 字节保存在内存,
// 其余部分保存在硬盘的 temp 文件里。如果必要, ParseMultipartForm 会
// 自行调用 ParseForm。重复调用本方法是无意义的。
func (r *Request) ParseMultipartForm(maxMemory int64) error

// 返回 post 或者 put 请求 body 指定元素的第一个值, 其中 url 中的参数被忽略。
func (r *Request) PostFormValue(key string) string
```

```
// 检测在 request 中使用的 http 协议是否至少是 major.minor
func (r *Request) ProtoAtLeast(major，minor int) bool
```

```
// 如果 request 中有 refer，那么 refer 返回相应的 url。Referer 在 request
// 中是拼错的，这个错误从 http 初期就已经存在了。该值也可以从 Headermap 中
// 利用 Header["Referer"]获取；在使用过程中利用 Referer 这个方法而
// 不是 map 的形式的好处是在编译过程中可以检查方法的错误，而无法检查 map 中
// key 的错误。
func (r *Request) Referer() string
```

```
// Write 方法以线性格式将 HTTP/1.1 请求写入 w（用于将请求写入下层 TCPConn 等）。
// 本方法会考虑请求的如下字段：Host URL Method (defaults to "GET")。
//    Header ContentLength TransferEncoding Body 如果存在 Body，
// ContentLength 字段<= 0 且 TransferEncoding 字段未显式设置为
// ["identity"]，Write 方法会显式添加" Transfer-Encoding: chunked"
// 到请求的头域。Body 字段会在发送完请求后关闭。
func (r *Request) Write(w io.Writer) error
```

```
// 该函数与 Write 方法类似，但是该方法写的 request 是按照 http 代理的格式去写。
// 尤其是按照 RFC 2616 Section 5.1.2，WriteProxy 会使用绝对 URI
// （包括协议和主机名）来初始化请求的第 1 行（Request-URI 行）。无论何种情况，
// WriteProxy 都会使用 r.Host 或 r.URL.Host 设置 Host 头。
func (r *Request) WriteProxy(w io.Writer) error
```

15.3.2　http Response

在 net/http 包中，response.go 文件定义了结构体：

```
type Response struct
```

http Response 是由 http Server 发出的消息，用来响应 http Client 发出的 http Request 请求。发出的消息包括起始行、Headers 和 Body。

以下是 response.go 文件中和 http Response 相关的方法，利用这些方法可以响应 http Request。

```
// 注意是在 response.go 中定义的，而在 server.go 有一个
// type response struct，注意大小写。
type Response struct
```

```
// ReadResponse 从 r 读取并返回一个 HTTP 回复。req 参数是可选的，指定该回复
// 对应的请求（即对该请求的回复）。如果是 nil，将假设请求是 GET 请求。
// 客户端必须在结束 resp.Body 的读取后关闭它。读取完毕并关闭后，客户端可以
// 检查 resp.Trailer 字段获取回复的 trailer 的键值对。
func ReadResponse(r *bufio.Reader, req *Request) (*Response, error)
```

```
// 解析 cookie 并返回在 header 中利用 set-Cookie 设定的 cookie 值。
func (r *Response) Cookies() []*Cookie
```

```
// 返回 response 中 Location 的 header 值的 url。如果该值存在的话，则对于
// 请求问题可以解决相对重定向的问题，如果该值为 nil，则返回 ErrNOLocation。
func (r *Response) Location() (*url.URL，error)
```

```
// 判定在 response 中使用的 http 协议是否至少是 major.minor 的形式。
func (r *Response) ProtoAtLeast(major, minor int) bool

// 将 response 中信息按照线性格式写入 w 中。
func (r *Response) Write(w io.Writer) error
```

15.3.3　http Client

在 net/http 包中，client.go 文件定义了结构体:

```
type Client struct
```

http Client 客户端主要用来发送 http Request 给 http Server 服务端，例如以 Do 方法、Get 方法以及 Post 或 PostForm 方法发送 http Request。

以下是 client.go 文件中和 http Client 相关的方法，利用这些方法可以发送 http Request 给 http Server。

```
// Client 具有 Do，Get，Head，Post 以及 PostForm 等方法。 其中 Do 方法可以对
// Request 进行一系列的设定，而其他方法对 request 设定较少。如果客户端使用默认的
// Client，则其中的 Get，Head，Post 以及 PostForm 方法相当于默认的 http.Get,
// http.Post, http.Head 以及 http.PostForm 函数。
type Client struct

// 利用 GET 方法对一个指定的 URL 进行请求，如果 response 是如下重定向中的一个
// 代码，则 Get 之后将会调用重定向内容，最多 10 次重定向。
// 301 (永久重定向，告诉客户端以后应该从新地址访问)
// 302 (暂时性重定向，作为 HTTP1.0 的标准，PHP 的默认 Location 重定向也用到
// 302)，注：303 和 307 其实是对 302 的细化。
// 303 (对于 Post 请求，它表示请求已经被处理，客户端可以接着使用 GET 方法
// 请求 Location 里的 URl)
// 307 (临时重定向，对于 Post 请求，表示请求还没有被处理，客户端应该向
// Location 里的 URL 重新发起 Post 请求)
func Get(url string) (resp *Response, err error)

// 该函数功能见 net 中 Head 方法的功能。该方法与默认的 defaultClient 中
// Head 方法一致。
func Head(url string) (resp *Response, err error)

// 该方法与默认的 defaultClient 中 Post 方法一致。
func Post(url string, bodyType string, body io.Reader) (resp *Response, err error)

// 该方法与默认的 defaultClient 中 PostForm 方法一致。
func PostForm(url string, data url.Values) (resp *Response, err error)

// Do 发送 http 请求并且返回一个 http 响应，遵守 client 的策略，如重定向、
// cookies 以及 auth 等。错误经常是由策略引起的，当 err 是 nil 时，resp
// 总会包含一个非 nil 的 resp.body。当调用者读完 resp.body 之后应该关闭它，
// 如果 resp.body 没有关闭，则 Client 底层 RoundTripper 将无法重用存在的
// TCP 连接去服务接下来的请求，如果 resp.body 非 nil，则必须对其进行关闭。
// 通常来说，经常使用 Get，Post 或者 PostForm 来替代 Do。
func (c *Client) Do(req *Request) (resp *Response, err error)
```

```
// 利用 get 方法请求指定的 url.Get 请求指定的页面信息，并返回实体主体。
func (c *Client) Get(url string) (resp *Response, err error)

// 利用 head 方法请求指定的 url，Head 只返回页面的首部。
func (c *Client) Head(url string) (resp *Response, err error)

// post 方法请求指定的 URI，如果 body 也是一个 io.Closer，则在请求之后关闭它
func (c *Client) Post(url string, bodyType string, body io.Reader) (resp *Response, err error)

// 利用 post 方法请求指定的 url，利用 data 的 key 和 value 作为请求体。
func (c *Client) PostForm(url string, data url.Values) (resp *Response, err error)
```

通过对 client.go，request.go，response.go 这三个文件的了解可以知道，http.NewRequest 可以灵活地对 http Request 进行配置，然后再使用 http.Client 的 Do 方法发送 http Request。注意：如果使用 Post 或者 PostForm 方法，是不能使用 http.NewRequest 配置请求的，只有 Do 方法可以定制 http.NewRequest。

利用 http.Client 以及 http.NewRequest 可以完整模拟一个 http Request，包括自定义的 http Request 的头部信息。有了前面介绍的 http Request、http Response、http Client 三个部分，就可以模拟各种 http Request 的发送，接收 http Response 了。

（1）模拟任何 http Request 请求。

下面来模拟 http Request，请求中附带有 cookie 信息，通过 http.Client 的 Do 方法发送这个请求。

先配置 http.NewRequest，然后通过 http.Client 的 Do 方法来发送任何 http Request。示例如下。

```go
// GOPATH\src\go42\chapter-15\15.3\2\main.go

package main

import (
    "compress/gzip"
    "fmt"
    "io/ioutil"
    "net/http"
    "strconv"
)

func main() {
    // 简式声明一个 http.Client 空结构体指针对象
    client := &http.Client{}

    // 使用 http.NewRequest 构建 http Request 请求
    request, err := http.NewRequest("GET", "http://www.baidu.com", nil)
    if err != nil {
        fmt.Println(err)
    }

    // 使用 http.Cookie 结构体初始化一个 cookie 键值对
    cookie := &http.Cookie{Name: "userId", Value: strconv.Itoa(12345)}
```

```
        // 使用前面构建的 request 方法 AddCookie 向请求中添加 cookie
        request.AddCookie(cookie)

        // 设置 request 的 Header，具体可参考 http 协议
        request.Header.Set("Accept", "text/html, application/xhtml+xml, application/xml;q=0.9, */*;q=0.8")
        request.Header.Set("Accept-Charset", "GBK, utf-8;q=0.7, *;q=0.3")
        request.Header.Set("Accept-Encoding", "gzip, deflate, sdch")
        request.Header.Set("Accept-Language", "zh-CN, zh;q=0.8")
        request.Header.Set("Cache-Control", "max-age=0")
        request.Header.Set("Connection", "keep-alive")

        // 使用 http.Client 来发送 request，这里使用了 Do 方法
        response, err := client.Do(request)
        if err != nil {
            fmt.Println(err)
            return
        }

        // 程序结束时关闭 response.Body 响应流
        defer response.Body.Close()

        // 接收到的 http Response 状态值
        fmt.Println(response.StatusCode)
        if response.StatusCode == 200 { // 200 意味成功得到 http Server 返回的 http Response 信息

            // gzip.NewReader 对压缩的返回信息解压（考虑网络传输量，http Server
    // 一般都会对响应压缩后再返回）
            body, err := gzip.NewReader(response.Body)
            if err != nil {
                fmt.Println(err)
            }

            defer body.Close()

            r, err := ioutil.ReadAll(body)
            if err != nil {
                fmt.Println(err)
            }
            // 打印出 http Server 返回的 http Response 信息
            fmt.Println(string(r))
        }
    }
```

（2）发送一个 http.Get 请求。

使用 http.Get 发送 http Get 请求非常简单，在一般不需要配置 http.Request 的场合可以使用，只要提供 URL 即可。示例如下：

```
// GOPATH\src\go42\chapter-15\15.3\3\main.go

package main

import (
    "fmt"
```

```
        "io/ioutil"
        "net/http"
)

func main() {
    // var DefaultClient = &Client{}
    // func Get(url string) (resp *Response, err error) {
    // return DefaultClient.Get(url)
    // }
    /*
        func (c *Client) Get(url string) (resp *Response, err error) {
            req, err := NewRequest("GET", url, nil)
            if err != nil {
                return nil, err
            }
            return c.Do(req)
        }
    */

    // http.Get 实际上是 DefaultClient.Get(url)，Get 函数是高度封装的，只有一个参数 url。
    // 对于一般的 http Request 可以使用，但是不能定制 Request
    response, err := http.Get("http://www.baidu.com")
    if err != nil {
        fmt.Println(err)
    }

    //程序在使用完回复后必须关闭回复的主体。
    defer response.Body.Close()

    body, _ := ioutil.ReadAll(response.Body)
    fmt.Println(string(body))
}
```

（3）发送一个 http.Post 请求。

使用 http.Post 发送 http Post 请求也非常简单，在一般不需要配置 http.Request 的场合可以使用。示例如下：

```
// GOPATH\src\go42\chapter-15\15.3\4\main.go

package main

import (
    "fmt"
    "io/ioutil"
    "net/http"
    "strings"
)

func main() {
    // application/x-www-form-urlencoded：为 POST 的 contentType
    // strings.NewReader("mobile=xxxxxxxxx&isRemberPwd=1") 理解为传递的参数
    resp, err := http.Post("http://localhost:8080/login.do",
        "application/x-www-form-urlencoded", strings.NewReader("mobile=xxxxxxxxx&isRemberPwd
```

```
=1"))
                if err != nil {
                    fmt.Println(err)
                    return
                }
                defer resp.Body.Close()
                body, err := ioutil.ReadAll(resp.Body)
                if err != nil {
                    fmt.Println(err)
                    return
                }
                fmt.Println(string(body))
            }
```

（4）发送一个 http.PostForm 请求。

使用 http.PostForm 发送 http Request 请求也非常简单，而且可以附带参数的键-值对作为请求的 body 传递到服务端。示例如下：

```
// GOPATH\src\go42\chapter-15\15.3\5\main.go

package main

import (
    "fmt"
    "io/ioutil"
    "net/http"
    "net/url"
)

func main() {
    postParam := url.Values{
        "mobile":      {"xxxxxx"},
        "isRemberPwd": {"1"},
    }
    // 数据的键-值会经过 URL 编码后作为请求的 body 传递
    resp, err := http.PostForm("http://localhost: 8080/login.do", postParam)
    if err != nil {
        fmt.Println(err)
        return
    }
    defer resp.Body.Close()
    body, err := ioutil.ReadAll(resp.Body)
    if err != nil {
        fmt.Println(err)
        return
    }
    fmt.Println(string(body))
}
```

上面列举了四种 http Client 发送 http Request 的方式，其中 Do 方法最灵活。

http.Client 与 http.NewRequest 结合并使用 Do 方法可以模拟任何 http Request 请求。对于 Get 方法、Post 方法和 PostForm 方法，http.NewRequest 都是定制好的，虽然使用方便但灵活性不

够。不过好在有 Do 方法，可以更灵活地配置 http.NewRequest。

下面的代码演示了 Get 方法和 Post 方法如何使用 http.NewRequest 配置特定的 http Request。

```
func NewRequest(method, url string, body io.Reader) (*Request, error)

func (c *Client) Get(url string) (resp *Response, err error) {
    req, err := NewRequest("GET", url, nil)
    ......
}
func (c *Client) Post(url string, contentType string, body io.Reader) (resp *Response, err error) {
    req, err := NewRequest("POST", url, body)
    ......
}
```

15.3.4　http Server

在 net/http 包中，server.go 文件定义了结构体。

```
// Handler 接口，定义了一个方法 ServeHTTP
type Handler interface {
    ServeHTTP(ResponseWriter, *Request)
}
type HandlerFunc func(ResponseWriter, *Request)
type Server struct
type response struct

func (f HandlerFunc) ServeHTTP(w ResponseWriter, r *Request) {
    f(w, r)
}
```

http Server 用来接收并响应 http Client 发出的 http Request，是 net/http 包中非常重要和关键的一个功能。在 Go 语言中，搭建 HTTP 服务器很简单，就是因为它的存在。

以下是 server.go 文件中和 http Server 相关的方法，利用这些方法可以把收到的 http Request 处理后，以 http Response 的形式返回给 http Client。

```
// 监听 TCP 网络地址 srv.Addr 然后调用 Serve 来处理接下来连接的请求。
// 如果 srv.Addr 是空的话，则使用 ":http"。
func (srv *Server) ListenAndServe() error

// ListenAndServeTLS 监听 srv.Addr 确定的 TCP 地址，并且会调用 Serve
// 方法处理接收到的连接。必须提供证书文件和对应的私钥文件。如果证书是由
// 权威机构签发的，certFile 参数必须是顺序串联的服务端证书和 CA 证书。
// 如果 srv.Addr 为空字符串，会使用 ":https"。
func (srv *Server) ListenAndServeTLS(certFile, keyFile string) error

// 接受 Listener l 的连接，创建一个新的服务协程。该服务协程读取请求然后调用
// srv.Handler 来应答。实际上就是实现了对某个端口进行监听，然后创建相应的连接。
func (srv *Server) Serve(l net.Listener) error

// 该函数控制 http 的 keep-alives 是否能够使用，默认情况下，keep-alives 总是可用的。
// 只有资源非常紧张的环境或者服务端在关闭进程中时，才应该关闭该功能。
func (s *Server) SetKeepAlivesEnabled(v bool)
```

```
// 是一个 http 请求多路复用器，它将每一个请求的 URL 和
// 一个注册模式的列表进行匹配，然后调用和 URL 最匹配的模式的处理器进行后续操作。
type ServeMux struct

// 初始化一个新的 ServeMux
func NewServeMux() *ServeMux

// 将 handler 注册为指定的模式，如果该模式已经有了 handler，则会引发 panic。
func (mux *ServeMux) Handle(pattern string, handler Handler)

// 将 handler 注册为指定的模式
func (mux *ServeMux) HandleFunc(pattern string, handler func(ResponseWriter, *Request))

// 根据指定的 r.Method、r.Host 以及 r.RUL.Path 返回一个用来处理给定请求的 handler。
// 该函数总是返回一个非 nil 的 handler，如果 path 不是一个规范格式，则 handler 会
// 重定向到其规范 path。Handler 总是返回匹配该请求的已注册模式；在内建重定向
// 处理器的情况下，pattern 会在重定向后进行匹配。如果没有已注册模式可以应用于该请求，
// 本方法将返回一个内建的 "404 page not found" 处理器和一个空字符串模式。
func (mux *ServeMux) Handler(r *Request) (h Handler, pattern string)

// 该函数用于将最接近请求 url 模式的 handler 分配给指定的请求。
func (mux *ServeMux) ServeHTTP(w ResponseWriter, r *Request)
```

在 server.go 文件中定义了结构体 response，它专门用作服务端响应。

在 server.go 文件中定义了一个非常重要和关键的接口 Handler，如果仔细阅读 server.go 的源代码，就会发现很多结构体实现了这个接口的 ServeHTTP 方法。

注意这个接口的官方注释：Handler 响应 HTTP 请求。没错，最终的 HTTP 服务通过实现 ServeHTTP(ResponseWriter, *Request) 方法来达到服务端接收客户端请求并响应的目的。

理解 HTTP 构建的网络应用只要关注客户端（Clinet）和服务端（Server），两个端的交互来自客户端的请求以及服务端的响应。HTTP 服务器的核心主要在于服务端如何接受客户端的请求，并向客户端返回响应。

那这个过程是什么样的呢？要讲清楚这个过程，还需要回到开始的 HTTP 服务器程序。这里以前面了解到的 http Request，http Response，http Client 为基础，并重点分析 server.go 源代码才能讲清楚。

```
func main() {
    http.HandleFunc("/", myfunc)
    http.ListenAndServe(":8080", nil)
}
```

以上代码成功启动了一个 HTTP 服务器。通过 net/http 包源代码分析发现，Http.HandleFunc 按顺序做了以下几件事。

（1）Http.HandleFunc 调用了 DefaultServeMux 的 HandleFunc。

```
func HandleFunc(pattern string, handler func(ResponseWriter, *Request)) {
    DefaultServeMux.HandleFunc(pattern, handler)
}
```

（2）DefaultServeMux.HandleFunc 调用了 DefaultServeMux 的 Handle，DefaultServeMux 是一个 ServeMux 指针变量。而 ServeMux 是 Multiplexer（多路复用器），通过 Handle 匹配 pattern

和程序中定义的 handler（其实就是 http.HandlerFunc 函数类型变量）。

```
var DefaultServeMux = &defaultServeMux
var defaultServeMux ServeMux

func (mux *ServeMux) HandleFunc(pattern string, handler func(ResponseWriter, *Request)) {
    mux.Handle(pattern, HandlerFunc(handler))
}
```

> 上面的方法命名 Handle，HandleFunc 和 HandlerFunc，Handler（接口）很相似，容易混淆。记住 Handle 和 HandleFunc 与 pattern 匹配有关，即向 DefaultServeMux 的 map[string] muxEntry 中增加对应的 handler 和路由规则。

接着看看 myfunc 的声明和定义。

```
func myfunc(w http.ResponseWriter, r *http.Request) {
    fmt.Fprintf(w, "hi")
}
```

type HandlerFunc func(ResponseWriter, *Request) 是一个函数类型，程序中定义的 myfunc 的函数签名刚好符合这个函数类型。

所以 http.HandleFunc("/", myfunc)实际上是 mux.Handle("/", HandlerFunc(myfunc))。

HandlerFunc(myfunc) 让 myfunc 成为了 HandlerFunc 类型，称 myfunc 为 handler。而 HandlerFunc 类型是具有 ServeHTTP 方法的，因此也就实现了 Handler 接口。

```
func (f HandlerFunc) ServeHTTP(w ResponseWriter, r *Request) {
    f(w, r) // 这相当于自身的调用
}
```

现在 ServeMux 和 Handler 都和程序中的 myfunc 联系上了，myfunc 是一个 Handler 接口变量，也是 HandlerFunc 类型变量，接下来和结构体 server 有关了。

从 http.ListenAndServe 的源码可以看出，它创建了一个 server 对象，并调用 server 对象的 ListenAndServe 方法。

```
func ListenAndServe(addr string, handler Handler) error {
    server := &Server{Addr: addr, Handler: handler}
    return server.ListenAndServe()
}
```

而我们的 HTTP 服务器中第二行代码如下：

```
http.ListenAndServe(":8080", nil)
```

以上代码创建了一个 server 对象，并调用 server 对象的 ListenAndServe 方法。这里没有直接传递 Handler，而是默认使用 DefaultServeMux 作为 Multiplexer，myfunc 是存在于 handler 和路由规则中的。

Server 的 ListenAndServe 方法中，会初始化监听地址 Addr，同时调用 Listen 方法设置监听。

```
for {
    rw, e := l.Accept()
    ...
    c := srv.newConn(rw)
```

```
        c.setState(c.rwc, StateNew)
        go c.serve(ctx)
    }
```

监听开启之后，一旦客户端请求过来，Go 就开启一个协程 go c.serve(ctx)处理请求，主要逻辑都在 serve 方法中。

func (c *conn) serve(ctx context.Context)这个方法很长，核心的一句是 serverHandler{c.server}.ServeHTTP(w, w.req)。其中 w 由 w, err := c.readRequest(ctx)得到，同时传递 context 进来。

还是来看源代码。

```
        type serverHandler struct {
        srv *Server
        }

        func (sh serverHandler) ServeHTTP(rw ResponseWriter, req Request) {
        handler := sh.srv.Handler
        if handler == nil {
        handler = DefaultServeMux
        }
        if req.RequestURI == "" && req.Method == "OPTIONS" {
        handler = globalOptionsHandler{}
        }
        handler.ServeHTTP(rw, req)
        }
```

从 http.ListenAndServe(":8080", nil)开始，handler 是 nil，所以最后 ServeHTTP 方法实际是 DefaultServeMux.ServeHTTP(rw, req)。

```
        func (mux *ServeMux) ServeHTTP(w ResponseWriter, r *Request) {
            if r.RequestURI == "*" {
                if r.ProtoAtLeast(1, 1) {
                    w.Header().Set("Connection", "close")
                }
                w.WriteHeader(StatusBadRequest)
                return
            }
            h, _ := mux.Handler(r)
            h.ServeHTTP(w, r)
        }
```

通过 func (mux *ServeMux) Handler(r *Request) (h Handler, pattern string)得到 Handler h，然后执行 h.ServeHTTP(w, r)方法，也就是执行我们的 myfunc 函数（别忘了 myfunc 是 HandlerFunc 类型，而它的 ServeHTTP(w, r)方法其实就是自己调用自己），把 response 写到 http.ResponseWriter 对象返回给客户端 fmt.Fprintf(w, "hi")，我们在客户端会接收到 hi 。至此整个 HTTP 服务执行完成。

总结一下，HTTP 服务整个过程大概如下：

```
    Request -> ServeMux(Multiplexer) -> handler-> Response
```

再看下面的代码。

```
    http.ListenAndServe(":8080", nil)
    func ListenAndServe(addr string, handler Handler) error {
```

```
        server := &Server{Addr: addr, Handler: handler}
        return server.ListenAndServe()
    }
```

上面代码实际上就是 server.ListenAndServe()执行的实际效果，只不过简单声明了一个结构体 Server{Addr: addr, Handler: handler}实例。如果声明一个 Server 实例，完全可以达到深度自定义 http.Server 的目的：

```
// GOPATH\src\go42\chapter-15\15.3\6\main.go

package main

import (
    "fmt"
    "net/http"
)

func myfunc(w http.ResponseWriter, r *http.Request) {
    fmt.Fprintf(w, "hi")
}

func main() {
    // 更多 http.Server 的字段可以根据情况初始化
    server := http.Server{
        Addr:       ":8080",
        ReadTimeout: 0,
        WriteTimeout: 0,
    }
    http.HandleFunc("/", myfunc)
    server.ListenAndServe()
}
```

这样服务也能跑起来，而且程序员完全可以根据情况来自定义 Server！
还可以指定 Servemux 的用法：

```
// GOPATH\src\go42\chapter-15\15.3\7\main.go

package main

import (
    "fmt"
    "net/http"
)

func myfunc(w http.ResponseWriter, r *http.Request) {
    fmt.Fprintf(w, "hi")
}

func main() {
    mux := http.NewServeMux()

    mux.HandleFunc("/", myfunc)
    http.ListenAndServe(":8080", mux)
```

```
        }
```

如果既指定 Servemux 又自定义 http.Server，因为 Server 中有字段 Handler，所以可以直接
把 Servemux 变量作为 Server.Handler：

```
// GOPATH\src\go42\chapter-15\15.3\8\main.go

package main

import (
    "fmt"
    "net/http"
)

func myfunc(w http.ResponseWriter, r *http.Request) {
    fmt.Fprintf(w, "hi")
}

func main() {
    server := http.Server{
        Addr:          ":8080",
        ReadTimeout:   0,
        WriteTimeout: 0,
    }
    mux := http.NewServeMux()
    server.Handler = mux

    mux.HandleFunc("/", myfunc)
    server.ListenAndServe()
}
```

在前面讲解 pprof 时提到，通过访问 http://localhost:8080/debug/pprof/可以看到对应的性能分
析报告。

因为这样导入_"net/http/pprof"包时，在文件 pprof.go 中 init() 函数已经定义好了 handler。
也就是说随着 HTTP 服务程序的运行，由 init()函数初始化的 handler 也就开始提供服务了。如
下所示：

```
func init() {
    http.HandleFunc("/debug/pprof/", Index)
    http.HandleFunc("/debug/pprof/cmdline", Cmdline)
    http.HandleFunc("/debug/pprof/profile", Profile)
    http.HandleFunc("/debug/pprof/symbol", Symbol)
    http.HandleFunc("/debug/pprof/trace", Trace)
}
```

所以，可以通过浏览器访问上面地址来看到报告。现在再来看这些代码，就能明白怎么回
事了！

15.3.5　自定义类型 Handler

标准库中的 net/http 包提供了非常重要的 Handler 接口：

```
type Handler interface {
```

```
        ServeHTTP(ResponseWriter, *Request)
}
type HandlerFunc func(ResponseWriter, *Request)

// ServeHTTP calls f(w, r).
func (f HandlerFunc) ServeHTTP(w ResponseWriter, r *Request) {
        f(w, r)
}
```

开发者若要实现自己的 handler，只需实现接口的 ServeHTTP 方法即可。开发者可以自定义类型，并在此基础上实现 ServeHTTP()方法。

例如：

```
// GOPATH\src\go42\chapter-15\15.3\9\main.go

package main

import (
        "log"
        "net/http"
        "time"
)

type timeHandler struct {
        format string
}

func (th *timeHandler) ServeHTTP(w http.ResponseWriter, r *http.Request) {
        tm := time.Now().Format(th.format)
        w.Write([]byte("The time is: " + tm))
}

func main() {
        mux := http.NewServeMux()

        th := &timeHandler{format: time.RFC1123}
        mux.Handle("/time", th)

        log.Println("Listening...")
        http.ListenAndServe(":3000", mux)
}
```

NewServeMux 可以创建一个 ServeMux 实例，ServeMux 同时也实现了 ServeHTTP 方法，因此代码中的 mux 也是一种 handler。把它当成参数传给 http.ListenAndServe 方法，后者会把 mux 传给 Server 实例。因为指定了 handler，因此整个 http 服务就不再是 DefaultServeMux，而是 mux，无论是在注册路由还是提供请求服务的时候。

任何有 func(http.ResponseWriter，*http.Request)签名的函数都能转化为一个 HandlerFunc 类型。这很有用，因为 HandlerFunc 对象内置了 ServeHTTP 方法，后者可以聪明又方便地调用我们最初提供的函数内容。

15.3.6　将函数直接作为 Handler

因为只要是 func(http.ResponseWriter, *http.Request) 签名的函数，都可以作为 Handler，所以可以直接将这类签名的函数作为 Handler。例如：

```
GOPATH\src\go42\chapter-15\15.3\10\main.go

package main

import (
    "log"
    "net/http"
    "time"
)

func timeHandler(w http.ResponseWriter, r *http.Request) {
    tm := time.Now().Format(time.RFC1123)
    w.Write([]byte("The time is: " + tm))
}

func main() {
    mux := http.NewServeMux()

    // 把函数 timeHandler 转为 HandlerFunc
    th := http.HandlerFunc(timeHandler)
    // th 作为 mux 的 handler
    mux.Handle("/time", th)

    log.Println("Listening...")
    http.ListenAndServe(":3000", mux)
}
```

直接利用 http.HandlerFunc(timeHandler)来强制转换。因为 timeHandler(w http.ResponseWriter, r *http.Request) 的签名是 HandlerFunc 类型，所以直接转换是没有问题的。

15.3.7　中间件

所谓中间件（Middleware），就是连接上下级不同功能的函数或者软件，通常进行一些包裹函数的行为，为被包裹函数添加一些功能或行为。前文的 HandlerFunc 就能把签名为 func(w http.ResponseWriter, r *http.Reqeust)的函数包裹成 handler。

Go 语言中利用 net/http 包实现中间件很简单，只要实现一个函数签名为 func(http.Handler) http.Handler 的函数即可。http.Handler 是一个接口，接口方法为 serveHTTP。Go 语言中的函数也可以当成变量传递或者返回，因此也可以在中间件函数中传递定义好的函数，只要这个函数是一个 handler，就能实现或者被 handlerFunc 转换为 handler。例如：

```
// GOPATH\src\go42\chapter-15\15.3\11\main.go

package main

import (
    "fmt"
```

```
        "log"
        "net/http"
        "time"
)

func index(w http.ResponseWriter, r *http.Request) {
    w.Header().Set("Content-Type", "text/html")

    html := `<doctype html>
        <html>
        <head>
          <title>Hello World</title>
        </head>
        <body>
        <p>
          Welcome
        </p>
        </body>
</html>`
    fmt.Fprintln(w, html)
}

func middlewareHandler(next http.Handler) http.Handler{
    return http.HandlerFunc(func(w http.ResponseWriter, r *http.Request){
        // 执行 handler 之前的逻辑
        next.ServeHTTP(w, r)
        // 执行 handler 之后的逻辑
    })
}

func loggingHandler(next http.Handler) http.Handler {
    return http.HandlerFunc(func(w http.ResponseWriter, r *http.Request) {
        start := time.Now()
        log.Printf("Started %s %s", r.Method, r.URL.Path)
        next.ServeHTTP(w, r)
        log.Printf("Completed %s in %v", r.URL.Path, time.Since(start))
    })
}

func main() {
    http.Handle("/", loggingHandler(http.HandlerFunc(index)))

    http.ListenAndServe(":8000", nil)
}
```

15.3.8　搭建静态站点

一般在实际中，往往会把网站的静态类文件如 js 文件、图标、css 等作为资源站点供用户访问。以下代码通过指定目录，快速实现目录下所有文件作为静态站点资源对外提供服务，再也

213

不用配置 Web 服务器了。例如：

```
// GOPATH\src\go42\chapter-15\15.3\12\main.go

package main

import (
    "net/http"
)

func main() {
    http.Handle("/", http.FileServer(http.Dir("D:/html/static/")))
    http.ListenAndServe(":8080", nil)
}
```

15.4　context 包

15.4.1　context 包介绍

在 Go 语言中，每个独立调用一般都会被单独的协程处理。但在处理一个请求时，往往可能需要在多个协程之间进行信息传递，甚至包括一层层地递进顺序传递，而且这种信息往往具有一定的场景状态。如一个请求可能衍生出各个协程之间需要满足一定的约束关系，如登录状态、前一个协程的计算结果、传递请求全局变量等功能。

Go 语言为开发人员提供了一个解决方案，即标准库的 context 包，有的地方也称为上下文。使用上下文可以在多个协程之间传递请求相关的数据、主动取消上下文或按照时间自动取消上下文等。

每个协程在执行之前，一般都需要了解当前的执行状态，通常会将这些状态包装在上下文变量中进行传递。上下文几乎已经成为传递与 Request 同生命周期的变量的标准方法。

当程序接收到一个网络请求 Request，在处理 Request 时，可能需要开启不同的协程来获取数据与逻辑处理，即一个请求 Request，可能需要在多个协程中被处理。这些协程需要共享 Request 的一些信息，同时当顶层 Context 被取消或者超时的时候，所有从这个顶层 Request 创建的 Context 也应该结束。这些都可以通过 Context 来实现，Context 就像是 Request 中的全局变量能让大家共享数据，当然实际上它是需要创建并传递的。

context 包实现了在程序协程之间共享状态变量的方法，在被调用程序单元的外部，通过设置上下文变量 ctx，将过期或取消信号传递给被调用的程序单元。

Context 包中定义的 Context 结构如下所示：

```
// Context 包含过期、取消信号、request 值传递等，方法在多个协程中线程安全
type Context interface {
    // Done 方法在 context 被取消或者超时返回一个 close 的 channel
    Done() <-chan struct{}

    Err() error

    // Deadline 返回 context 超时时间
```

```
        Deadline() (deadline time.Time, ok bool)

        // Value 返回 context 相关 key 对应的值
        Value(key interface{}) interface{}
    }
```

- Deadline 会返回一个超时时间，超时后 Context 无效。
- Done 方法返回一个通道（channel），当 Context 被取消或过期时，该通道关闭，即它是一个表示是否已关闭的信号。
- 当 Done 通道关闭后，Err 方法表明 Context 被取消的原因。
- Value 是可以共享的数据。

Context 的创建和调用关系总是层层递进的，就像社会组织的层级一样，Context 创建者的协程可以主动关闭其下层的 Context 的执行。为了实现这种关系，Context 结构就像一棵树，叶子节点总是由根节点衍生出来的。

要创建上下文树，第一步就是要得到根节点，context.Background 函数的返回值就是根节点：

```
    func Background() Context
```

Background()函数返回空的上下文，该上下文一般由接收请求的第一个协程创建，作为进入请求对应的上下文根节点，它不能被取消，没有值，也没有过期时间。它常常作为处理 Request 的顶层上下文存在。

有了根节点，又该怎么创建其他的子节点、孙节点呢？context 包提供了四类函数来创建它们。

```
    func WithCancel(parent Context) (ctx Context, cancel CancelFunc)
    func WithDeadline(parent Context, deadline time.Time) (Context, CancelFunc)
    func WithTimeout(parent Context, timeout time.Duration) (Context, CancelFunc)
    func WithValue(parent Context, key interface{}, val interface{}) Context
```

这些函数都接收一个 Context 类型的参数 parent，并返回一个 Context 类型的值，这样就层层创建出不同的节点。父节点创建 Context，并传递给子节点。

怎么通过 Context 传递改变的状态呢？使用 Context 的协程是无法取消某个操作的，只有父协程可以取消操作。在父协程中可以通过 WithCancel 函数获得一个 CancelFunc 函数类型变量，从而可以手工取消这个 Context。

WithCancel 函数将父节点 Context 复制到子节点，并且返回一个额外的 CancelFunc 函数类型变量，该函数类型的定义为：

```
    type CancelFunc func()
```

调用 CancelFunc 对象 cancel 将取消对应的 Context 对象，这就是主动取消 Context 的方法。在父节点的 Context 所对应的环境中，通过 WithCancel 函数不仅可以创建该节点的 Context，同时也获得了该节点 Context 的控制权，一旦执行该函数取消，该节点 Context 就结束了，而子节点则需要根据 context.Done()来判断是否结束。例如：

```
    select {
        case <-cxt.Done():
    }
```

WithDeadline 函数的作用也差不多，它返回的 Context 类型值同样是 parent 的副本，但其过期时间由 deadline 和 parent 的过期时间共同决定。这是因为父节点过期时，其所有的子孙节点必须同时关闭；反之，返回的父节点的过期时间则为 deadline。

WithTimeout 函数与 WithDeadline 类似，不过它传入的是上下文从现在开始剩余的生命时长。它们同样也都返回了所创建的子上下文的控制权及一个 CancelFunc 类型的函数变量。

当顶层的 Request 请求函数结束后，就可以取消某个上下文，从而再在对应协程中根据 cxt.Done() 来决定是否结束协程本身。

WithValue 函数返回 parent 的一个副本，调用该副本的 Value(key) 方法将得到对应 key 的值。不光可以将根节点原有的值保留，还可以在子孙节点中加入新的值，注意若存在新、旧 Key 相同的情况，则旧 key 的值会被覆盖。

Context 对象的生存周期一般仅为一个请求的处理周期，即针对一个请求创建一个 Context 变量（它是上下文树结构的根）。在请求处理结束后，撤销此变量，释放资源。

每次创建一个协程时，可以将原有的上下文传递给这个子协程，或者新创建一个子上下文传递给这个协程。

上下文能灵活地存储不同类型、不同数目的值，并且使多个协程安全地读写其中的值。

当通过父 Context 对象创建子上下文对象时，即可获得子上下文的一个取消函数，这样父上下文对象的创建环境就获得了对子上下文的撤销权。

> 使用上下文时需遵循以下规则。
> （1）上下文变量需要作为第一个参数使用，一般命名为 ctx。
> （2）不要传入一个 nil 的上下文，不确定 Context 时可传一个 context.TODO。
> （3）使用上下文的 Value 相关方法只传递请求相关的元数据，不要传递可选参数。
> （4）同样的上下文可以用来传递到不同的协程中，上下文在多个协程中是安全的。

在子上下文被传递到的协程中，应该对该子上下文的 Done 通道（channel）进行监控，一旦该通道被关闭（即上层运行环境撤销了本协程的执行），应主动终止对当前请求信息的处理，释放资源并返回。

15.4.2 上下文应用

前面介绍协程时，对协程的管理和控制并没有进行讨论。目前读者已经清楚认识了通道、上下文以及 sync 包，通过这三者，完全可以达到完美控制协程运行的目的。

通过 go 关键字很容易就能启动一个协程，但很好地管理和控制它们的运行却比较难。因此可以根据场景使用以下几种方法。

（1）使用 sync.WaitGroup，它用于线程总同步，会等待一组线程集合完成，才会继续向下执行，这对监控所有子协程全部完成的情况特别有用，但要控制某个协程就无能为力了。

（2）使用通道来传递消息，一个协程发送通道信号，另一个协程通过 select 得到通道信息，这种方式可以满足协程之间的通信，控制协程运行。但如果协程数量达到一定程度，就很难把控了。或者这两个协程还和其他协程也有类似通信，例如 A 与 B，B 与 C，如果 A 发信号 B 退出了，C 有可能等不到 B 的通道信号而被遗忘。

（3）使用上下文来传递消息，上下文是层层传递机制，根节点完全控制了子节点，根节点（父节点）可以根据需要选择自动还是手动结束子节点。而每层节点所在的协程就可以根据信息来决定下一步的操作。

下面来看看怎样使用上下文控制协程的运行。

这里用上下文同时控制两个协程，这两个协程都可以收到 cancel()发出的信号，甚至
doNothing 不结束协程可反复接收取消信息。

```go
// GOPATH\src\go42\chapter-15\15.4\1\main.go

package main

import (
        "context"
        "log"
        "os"
        "time"
)

var logs *log.Logger

func doClearn(ctx context.Context) {
        // for 循环每 1 秒检查一下，判断 ctx 是否被取消了，如果是就退出
        for {
                time.Sleep(1 * time.Second)
                select {
                case <-ctx.Done():
                        logs.Println("doClearn:收到 Cancel，做好收尾工作后马上退出。")
                        return
                default:
                        logs.Println("doClearn:每隔 1 秒观察信号，继续观察...")
                }
        }
}

func doNothing(ctx context.Context) {
        for {
                time.Sleep(3 * time.Second)
                select {
                case <-ctx.Done():
                        logs.Println("doNothing:收到 Cancel，但不退出......")

                        //注释 return 可以观察到，ctx.Done()信号是可以一直接收到的，return 不注释意味退
                        //出协程
                        //return
                default:
                        logs.Println("doNothing:每隔 3 秒观察信号，一直运行")
                }
        }
}

func main() {
        logs = log.New(os.Stdout, "", log.Ltime)

        // 新建一个 ctx
        ctx, cancel := context.WithCancel(context.Background())
```

```
            // 传递 ctx
            go doClearn(ctx)
            go doNothing(ctx)

            // 主程序阻塞 20 秒，留给协程来演示
            time.Sleep(20 * time.Second)
            logs.Println("cancel")

            // 调用 cancel：context.WithCancel 返回的 CancelFunc
            cancel()

            // 发出 cancel 命令后，主程序阻塞 10 秒，再看协程的运行情况
            time.Sleep(10 * time.Second)
    }
```

程序输出如下：

```
......
cancel
doClearn:收到 Cancel，做好收尾工作后马上退出。
doNothing:收到 Cancel，但不退出......
doNothing:收到 Cancel，但不退出......
doNothing:收到 Cancel，但不退出......
```

下面代码用上下文嵌套控制 3 个协程 A，B，C。在主程序发出 cancel 信号后，每个协程都能接收根上下文的 Done()信号而退出。

```
// GOPATH\src\go42\chapter-15\15.4\2\main.go

package main

import (
        "context"
        "fmt"
        "time"
)

func A(ctx context.Context) int {
        ctx = context.WithValue(ctx, "AFunction", "Great")

        go B(ctx)

        select {
        // 监测自己上层的 ctx
        case <-ctx.Done():
                fmt.Println("A Done")
                return -1
        }
        return 1
}

func B(ctx context.Context) int {
        fmt.Println("A value in B:", ctx.Value("AFunction"))
        ctx = context.WithValue(ctx, "BFunction", 999)
```

218

```go
        go C(ctx)

        select {
        // 监测自己上层的 ctx
        case <-ctx.Done():
                fmt.Println("B Done")
                return -2
        }
        return 2
}

func C(ctx context.Context) int {
        fmt.Println("B value in C:", ctx.Value("AFunction"))
        fmt.Println("B value in C:", ctx.Value("BFunction"))
        select {
        // 结束时候做点什么
        case <-ctx.Done():
                fmt.Println("C Done")
                return -3
        }
        return 3
}

func main() {
        // 自动取消(定时取消)
        {
                timeout := 10 * time.Second
                ctx, _ := context.WithTimeout(context.Background(), timeout)

                fmt.Println("A 执行完成，返回：", A(ctx))
                select {
                case <-ctx.Done():
                        fmt.Println("context Done")
                        break
                }
        }
        time.Sleep(20 * time.Second)
}
```

最后看看上下文在 http 中是怎么传递的。

```go
// GOPATH\src\go42\chapter-15\15.4\3\main.go

package main

import (
        "context"
        "net/http"
        "time"
)

// ContextMiddle 是 HTTP 服务中间件，统一读取通行 cookie 并使用 ctx 传递
```

```go
func ContextMiddle(next http.Handler) http.Handler {
    return http.HandlerFunc(func(w http.ResponseWriter, r *http.Request) {
        cookie, _ := r.Cookie("Check")
        if cookie != nil {
            ctx := context.WithValue(r.Context(), "Check", cookie.Value)
            next.ServeHTTP(w, r.WithContext(ctx))
        } else {
            next.ServeHTTP(w, r)
        }
    })
}

// 强制设置通行 cookie
func CheckHandler(w http.ResponseWriter, r *http.Request) {
    expitation := time.Now().Add(24 * time.Hour)
    cookie := http.Cookie{Name: "Check", Value: "42", Expires: expitation}
    http.SetCookie(w, &cookie)
}

func indexHandler(w http.ResponseWriter, r *http.Request) {
    // 通过取中间件传过来的 context 值来判断是否放行通过
    if chk := r.Context().Value("Check"); chk == "42" {
        w.WriteHeader(http.StatusOK)
        w.Write([]byte("Let's go! \n"))
    } else {
        w.WriteHeader(http.StatusNotFound)
        w.Write([]byte("No Pass!"))
    }
}

func main() {
    mux := http.NewServeMux()

    mux.HandleFunc("/", indexHandler)

    // 人为设置通行 cookie
    mux.HandleFunc("/chk", CheckHandler)

    ctxMux := ContextMiddle(mux)
    http.ListenAndServe(":8080", ctxMux)
}
```

打开浏览器访问 http://localhost:8080/chk，然后访问 http://localhost:8080/，由于 cookie 已经设置，会看到正常通行的结果，否则将会看到无法正常通行时的信息。Context 信息的传递主要靠中间件 ContextMiddle 来进行。

第 16 章 数据格式与存储

16.1 数据格式

16.1.1 序列化与反序列化

数据对象要在网络中传输或保存到文件，就需要对其进行编码和解码。目前存在很多编码格式，如 JSON、XML、Gob、Google Protocol Buffer 等，Go 语言当然也支持所有这些编码格式。

序列化（Serialization）是将对象的状态信息转换为可以存储或传输的形式的过程。在序列化期间，对象将其当前状态写入到临时或持久性存储区。通过从存储区中读取对象的状态，重新创建该对象，则为反序列化。

简单地说，把某种数据结构转为指定数据格式称为"序列化"或"编码"（传输之前）；而把"指定数据格式"转为某种数据结构称为"反序列化"或"解码"（传输之后）。

在 Go 语言中，标准库的 encoding/json 标准包处理 JSON 数据的序列化与反序列化问题。

16.1.2 JSON 数据格式

JSON 数据序列化函数主要是 json.Marshal()：

```go
func Marshal(v interface{}) ([]byte, error) {
    e := newEncodeState()

    err := e.marshal(v, encOpts{escapeHTML: true})
    if err != nil {
        return nil, err
    }
    buf := append([]byte(nil), e.Bytes()...)

    e.Reset()
    encodeStatePool.Put(e)

    return buf, nil
}
```

从上面的 Marshal()函数可以看到，数据结构序列化后返回的是字节数组，而字节数组很容易通过网络传输或写入文件存储。而且在 Go 中，Marshal()默认是设置 escapeHTML = true，会自动把 '<, >' 以及 '&' 等转化为"\u003c"、"\u003e"以及 "\u0026"。

JSON 数据反序列化函数主要是 UnMarshal()：

```go
func Unmarshal(data []byte, v interface{}) error          // 把 JSON 数据解码为数据结构
```

从上面的 UnMarshal()函数可以看到，反序列化是读取字节数组，进而解析为对应的数据结构。

JSON 是一种通用的数据格式，在序列化和反序列化中，需要考虑和具体开发语言类型的对应关系。

JSON 有 4 种基本类型，见表 16-1。

表 16-1　JSON 基本数据类型

类　　型	说　　明
Strings	字符串，如："abcde"
numbers	数字，JSON 中所有实数都是数字类型，如:1, 1.02
booleans	布尔型：true　false
null	Null 值：null

JSON 一共有两种结构类型，见表 16-2。

表 16-2　JSON 结构类型

类　　型		说　　明
对象	{"name":"Jim","age":18}	键为 String，值为 JSON 的任意数据类型
数组	[1,2,3]	顺序排列的零个或多个 JSON 数据类型

在 Go 语言中，JSON 与 Go 类型对应关系见表 16-3。

表 16-3　JSON 与 Go 数据类型对照表

JSON 类型	Go 类型
booleans	bool
numbers	float64
strings	string
null	nil

在解析 JSON 格式数据时，若以 interface{}接收数据，需要按照表 16-3 所示规则进行解析。

在 Go 语言中，利用标准库的 encoding/json 包将数据序列化为 JSON 数据格式这个过程简单直接，直接使用 json.Marshal(v)来处理任意类型，序列化成功后得到一个字节数组。

反过来将一个 JSON 数据反序列化或解码，就不那么容易了，下面一一来说明。

16.1.3　将 JSON 数据反序列化到结构体

将 JSON 数据反序列化到结构体这种需求是最常见的，在知道 JSON 数据结构的前提下，完全可以定义一个或几个适当的结构体并对 JSON 数据反序列化。例如：

```
// GOPATH\src\go42\chapter-16\16.1\1\main.go

package main

import (
```

```
            "encoding/json"
            "fmt"
    )

    type Human struct {
            name      string `json:"name"`        // 姓名
            Gender    string `json:"s"`           // 性别，性别的 tag 表明在 JSON 中为 s 字段
            Age       int    `json:"Age"`         // 年龄
            Lesson
    }

    type Lesson struct {
            Lessons []string `json:"lessons"`
    }

    func main() {
            jsonStr := `{"Age": 18,"name": "Jim" ,"s": "男",
            "lessons":["English","History"],"Room":201,"n":null,"b":false}`

            var hu Human
            if err := json.Unmarshal([]byte(jsonStr), &hu); err == nil {
                    fmt.Println("\n 结构体 Human")
                    fmt.Println(hu)
            }

            var le Lesson
            if err := json.Unmarshal([]byte(jsonStr), &le); err == nil {
                    fmt.Println("\n 结构体 Lesson")
                    fmt.Println(le)
            }

            jsonStr = `["English","History"]`

            var str []string
            if err := json.Unmarshal([]byte(jsonStr), &str); err == nil {
                    fmt.Println("\n 字符串数组")
                    fmt.Println(str)
            } else {
                    fmt.Println(err)
            }
    }
```

程序输出如下：

```
结构体 Human
{ 男 18 {[English History]}}

结构体 Lesson
{[English History]}

字符串数组
[English History]
```

这里定义了两个结构体 Human 和 Lesson，结构体 Human 的 Gender 字段标签为

`json:"s"``，表明这个字段在 JSON 中的名字对应为 s。而且结构体 Human 中嵌入了 Lesson 结构体。

jsonStr 可以是一个 JSON 数据，通过 json.Unmarshal，可以把 JSON 中的数据反序列化到对应结构体，由于结构体 Human 的 name 字段不能导出，所以并不能实际得到 JSON 中的值，这是在定义结构体时需要注意的。字段首字母大写。

JSON 中的 Age，对应结构体 Human 中的 Age int，不能是 string。另外，如果是 JSON 数组，可以把数据反序列化给一个字符串数组。

总之，知道 JSON 的数据结构很关键，有了这个前提做反序列化就容易多了。而且结构体的字段并不需要和 JSON 中所有数据一一对应，定义的结构体字段可以是 JSON 中的一部分。

16.1.4　反序列化任意 JSON 数据

encoding/json 包使用 map[string]interface{}和[]interface{}储存任意的 JSON 对象和数组，它可以被反序列化为任何 JSON blob 存储到接口值中。

直接使用 Unmarshal 把这个数据反序列化，并保存在 map[string]interface{}中。要访问这个数据，可以使用类型断言。例如：

```
// GOPATH\src\go42\chapter-16\16.1\2\main.go

package main

import (
    "encoding/json"
    "fmt"
)

func main() {
    jsonStr := `{"Age": 18,"name": "Jim" ,"s": "男","Lessons":["English","History"],"Room":201,"n":null,
"b":false}`

    var data map[string]interface{}
    if err := json.Unmarshal([]byte(jsonStr), &data); err == nil {
        fmt.Println("map 结构")
        fmt.Println(data)
    }

    for k, v := range data {
        switch vv := v.(type) {
        case string:
            fmt.Println(k, "是 string", vv)
        case bool:
            fmt.Println(k, "是 bool", vv)
        case float64:
            fmt.Println(k, "是 float64", vv)
        case nil:
            fmt.Println(k, "是 nil", vv)
        case []interface{}:
            fmt.Println(k, "是 array:")
            for i, u := range vv {
                fmt.Println(i, u)
```

```
                }
            default:
                fmt.Println(k, "未知数据类型")
            }
        }
    }
```

程序输出如下：

```
map 结构
map[n:<nil> b:false Age:18 name:Jim s:男 Lessons:[English History] Room:201]
name  是 string Jim
s  是 string 男
Lessons  是 array:
0 English
1 History
Room  是 float64 201
n  是 nil <nil>
b  是 bool false
Age  是 float64 18
```

通过这种方式，即使对未知的 JSON 数据结构，也可以反序列化，同时可以确保类型安全。在 switch-type 中，可以根据表 16-3 做选择。例如 Age 是 float64 而不是 int 类型。另外 JSON 的 booleans、null 类型也常常出现。

16.1.5　JSON 数据编码和解码

encoding/json 包提供 Decoder 和 Encoder 类型，NewDecoder 和 NewEncoder 函数分别封装了 io.Reader 和 io.Writer 接口。函数签名如下：

```
func NewDecoder(r io.Reader) *Decoder
func NewEncoder(w io.Writer) *Encoder
```

在需要把 JSON 格式的数据写入文件时，可以使用 json.NewEncoder（或实现 io.Writer 的类型）得到 Encoder，然后通过 Encoder 的 Encode()来进行写入；反过来可以使用 json.Decoder 和 Decode()函数。函数签名如下：

```
func NewDecoder(r io.Reader) *Decoder
func (dec *Decoder) Decode(v interface{}) error
```

由于 Go 语言标准库中很多包都实现了 Reader 和 Writer 接口，因此 Decoder 和 Encoder 使用起来非常方便。

例如，下面例子使用 Decode 方法解码一段 JSON 格式数据，同时使用 Encode 方法将结构体数据保存到文件 t.json 中。代码如下所示：

```
// GOPATH\src\go42\chapter-16\16.1\3\main.go

package main

import (
    "encoding/json"
    "fmt"
    "os"
```

```
            "strings"
        )

        type Human struct {
            name       string `json:"name"`        // 姓名
            Gender string `json:"s"`                // 性别，性别的 tag 表明在 JSON 中为 s 字段
            Age        int    `json:"Age"`          // 年龄
            Lesson
        }

        type Lesson struct {
            Lessons []string `json:"lessons"`
        }

        func main() {
            // JSON 数据的字符串
            jsonStr := `{"Age": 18,"name": "Jim" ,"s": "男",
            "lessons":["English","History"],"Room":201,"n":null,"b":false}`
            strR := strings.NewReader(jsonStr)
            h := &Human{}

            // Decode 解码 JSON 数据到结构体 Human 中
            err := json.NewDecoder(strR).Decode(h)

            if err != nil {
                fmt.Println(err)
            }
            fmt.Println(h)

            // 定义 Encode 需要的 Writer
            f, err := os.Create("./t.json")

            // 把保存数据的 Human 结构体对象编码为 JSON 保存到文件
            json.NewEncoder(f).Encode(h)

        }
```

程序输出如下：

```
&{ 男 18 {[English History]}}
```

上面代码中调用 json.NewDecoder 函数构造 Decoder 对象，使用这个对象的 Decode 方法将 JSON 串解码给定义好的结构体对象 h。对于字符串，使用 strings.NewReader 方法，让字符串变成一个 Reader 对象。

类似解码过程，通过 json.NewEncoder() 函数可构造 Encoder 对象，由于 os 包中文件操作已经实现了 Writer 接口，所以可以直接使用，把 h 结构体对象编码为 JSON 数据格式保存在文件 t.json 中。

文件 t.json 中内容为：

```
{"s":"男","Age":18,"lessons":["English","History"]}
```

16.1.6　JSON 数据延迟解析

对于 Human.Name 字段，由于可以在使用的时候根据具体数据类型来解析，因此可以延迟解析。当结构体 Human 的 Name 字段的类型设置为 json.RawMessage 时，它将在解码后继续以字节数组方式存在。例如：

```
// GOPATH\src\go42\chapter-16\16.1\4\main.go

package main

import (
    "encoding/json"
    "fmt"
)

type Human struct {
    Name    json.RawMessage `json:"name"`    // 姓名，json.RawMessage 类型不会进行解码
    Gender string           `json:"s"`       // 性别，性别的 tag 表明在 JSON 中为 s 字段
    Age     int             `json:"Age"`     // 年龄
    Lesson
}

type Lesson struct {
    Lessons []string `json:"lessons"`
}

func main() {
    jsonStr := `{"Age": 18,"name": "Jim" ,"s": "男",
    "lessons":["English","History"],"Room":201,"n":null,"b":false}`

    var hu Human
    if err := json.Unmarshal([]byte(jsonStr), &hu); err == nil {
        fmt.Printf("\n 结构体 Human \n")
        fmt.Printf("%+v \n", hu) // 可以看到 Name 字段未解码，还是字节数组
    }

    // 对延迟解码的 Human.Name 进行反序列化
    var UName string
    if err := json.Unmarshal(hu.Name, &UName); err == nil {
        fmt.Printf("\n Human.Name: %s \n", UName)
    }
}
```

程序输出如下：

```
 结构体 Human
{Name:[34 74 105 109 34] Gender:男  Age:18 Lesson:{Lessons:[English History]}}

 Human.Name: Jim
```

在对 JSON 数据第一次解码后，保存在 Human 的 hu.Name 的值还是二进制数组，在后面对 hu.Name 进行解码后才真正反序列化为 string 类型的真实字符串对象。

16.1.7　Protocol Buffer 数据格式

Protocol Buffer 简称为 protobuf(Pb)，是 Google 定义的一种数据序列化工具，在 RPC 等很多场合都可以使用。通过 protobuf 序列化效率非常高，同一条消息数据，用 protobuf 序列化后的大小是 JSON 的 1/10 左右，但使用比 JSON 麻烦一些。

为了正常使用 protobuf，需要做一些准备工作，这里以 Windows 操作系统为例来做说明。

（1）下载 protobuf 的编译器 protoc，地址为 https://github.com/google/protobuf/releases。

下载 protoc-3.6.1-win32.zip，然后解压，把 protoc.exe 文件复制到 GOPATH/bin 下。（Linux 用户下载 protoc-3.6.1-linux-x86_64.zip 或 protoc-3.6.1-linux-x86_32.zip，然后解压，把 protoc 文件复制到 GOPATH/bin 下。）

（2）获取 protobuf 的编译器插件 protoc-gen-go。

在命令行运行 go get -u github.com/golang/protobuf/protoc-gen-go。会在 GOPATH/bin 下生成 protoc-gen-go.exe 文件，如果没有请自行编译。建议把 GOPATH/bin 目录加入 PATH，方便后续操作。

接下来可以正式开始尝试使用 protobuf 了。先创建一个.proto 文件，这个文件需要按照一定规则编写。

具体方法参见官方说明，网址为 https://developers.google.com/protocol-buffers/docs/proto。

也可参考 https://gowalker.org/github.com/golang/protobuf/proto。

protobuf 的使用方法是将数据结构写入到.proto 文件中，使用 protoc 编译器编译（通过调用 protoc-gen-go）得到一个新的 go 包，里面包含 GO 程序可以使用的数据结构和一些辅助方法。

下面先创建一个 user.proto 文件。

```
syntax = "proto3";

package pb;

message UserInfo {
    int32 UserType = 1;        //必选字段
    string UserName = 2;       //必选字段
    string UserInfo = 3;       //必选字段
}
```

在 user.proto 文件目录下运行如下命令：

```
> protoc --go_out=.  user.proto
```

会生成一个 user.pb.go 文件，代码如下：

```
// Code generated by protoc-gen-go.
// source: user.proto
// DO NOT EDIT!

/*
Package pb is a generated protocol buffer package.

It is generated from these files:
    user.proto

It has these top-level messages:
```

```
        UserInfo
*/
package pb

import proto "github.com/golang/protobuf/proto"
import fmt "fmt"
import math "math"

// Reference imports to suppress errors if they are not otherwise used.
var _ = proto.Marshal
var _ = fmt.Errorf
var _ = math.Inf

// This is a compile-time assertion to ensure that this generated file
// is compatible with the proto package it is being compiled against.
// A compilation error at this line likely means your copy of the
// proto package needs to be updated.
const _ = proto.ProtoPackageIsVersion2 // please upgrade the proto package

type UserInfo struct {
        UserType int32   `protobuf:"varint,1,opt,name=UserType" json:"UserType,omitempty"`
        UserName string `protobuf:"bytes,2,opt,name=UserName" json:"UserName,omitempty"`
        UserInfo string `protobuf:"bytes,3,opt,name=UserInfo" json:"UserInfo,omitempty"`
}

func (m *UserInfo) Reset()                       { *m = UserInfo{} }
func (m *UserInfo) String() string               { return proto.CompactTextString(m) }
func (*UserInfo) ProtoMessage()                  {}
func (*UserInfo) Descriptor() ([]byte, []int) { return fileDescriptor0, []int{0} }

func (m *UserInfo) GetUserType() int32 {
        if m != nil {
                return m.UserType
        }
        return 0
}

func (m *UserInfo) GetUserName() string {
        if m != nil {
                return m.UserName
        }
        return ""
}


func (m *UserInfo) GetUserInfo() string {
        if m != nil {
                return m.UserInfo
        }
        return ""
}
```

```go
func init() {
    proto.RegisterType((*UserInfo)(nil), "pb.UserInfo")
}

func init() { proto.RegisterFile("user.proto", fileDescriptor0) }

var fileDescriptor0 = []byte{
    // 98 bytes of a gzipped FileDescriptorProto
    0x1f, 0x8b, 0x08, 0x00, 0x00, 0x09, 0x6e, 0x88, 0x02, 0xff, 0xe2, 0xe2, 0x2a, 0x2d, 0x4e, 0x2d,
    0xd2, 0x2b, 0x28, 0xca, 0x2f, 0xc9, 0x17, 0x62, 0x2a, 0x48, 0x52, 0x8a, 0xe3, 0xe2, 0x08, 0x2d,
    0x4e, 0x2d, 0xf2, 0xcc, 0x4b, 0xcb, 0x17, 0x92, 0x82, 0xb0, 0x43, 0x2a, 0x0b, 0x52, 0x25, 0x18,
    0x15, 0x18, 0x35, 0x58, 0x83, 0xe0, 0x7c, 0x98, 0x9c, 0x5f, 0x62, 0x6e, 0xaa, 0x04, 0x93, 0x02,
    0xa3, 0x06, 0x67, 0x10, 0x9c, 0x0f, 0x93, 0x03, 0x99, 0x21, 0xc1, 0x8c, 0x90, 0x03, 0xf1, 0x93,
    0xd8, 0xc0, 0x56, 0x19, 0x03, 0x02, 0x00, 0x00, 0xff, 0xff, 0x05, 0xe9, 0x09, 0xee, 0x78, 0x00,
    0x00, 0x00,
}
```

接下来，就可以在 Go 程序中使用 protobuf 了：

```go
// GOPATH\src\go42\chapter-16\16.1\5\main.go

package main

import (
    "github.com/golang/protobuf/proto"

    "fmt"

    "go42/chapter-16/16.1/5/pb"
)

func main() {
    //初始化 message UserInfo
    usermsg := &pb.UserInfo{
        UserType: 1,
        UserName: "Jim",
        UserInfo: "I am a woker!",
    }

    //序列化
    userdata, err := proto.Marshal(usermsg)
    if err != nil {
        fmt.Println("Marshaling error: ", err)
    }

    //反序列化
    encodingmsg := &pb.UserInfo{}
    err = proto.Unmarshal(userdata, encodingmsg)

    if err != nil {
        fmt.Println("Unmarshaling error: ", err)
    }
```

230

```
fmt.Printf("GetUserType: %d\n", encodingmsg.GetUserType())
fmt.Printf("GetUserName: %s\n", encodingmsg.GetUserName())
fmt.Printf("GetUserInfo: %s\n", encodingmsg.GetUserInfo())
}
```

程序输出如下：

```
GetUserType: 1
GetUserName: Jim
GetUserInfo: I am a woker!
```

通过上面的介绍，相信大家已经初步学会了怎么使用 protobuf 来处理相关数据。

16.2　MySQL 数据库

16.2.1　database/sql 包

Go 提供了 database/sql 包用于对 SQL 数据库的访问。作为操作数据库的入口对象，sql.DB 主要提供了两个重要的功能。

■ sql.DB 通过数据库驱动管理底层数据库连接的打开和关闭操作。

■ sql.DB 管理数据库连接池。

需要注意的是，sql.DB 表示操作数据库的抽象访问接口，而非一个数据库连接对象；它可以根据驱动打开、关闭数据库连接，管理连接池。正在使用的连接被标记为繁忙，用完后回到连接池等待下次使用。所以，如果你没有把连接释放回连接池，会导致连接过多使系统资源耗尽。

具体到某一类型的关系型数据库，需要导入对应的数据库驱动。下面以 MySQL 8.0 为例，来讲讲怎么在 Go 语言中使用 MySQL 数据库。

首先，需要下载第三方包，地址为：

```
go get github.com/go-sql-driver/mysql
```

需要在代码中导入 MySQL 数据库驱动：

```
import (
    "database/sql"
    _ "github.com/go-sql-driver/mysql"
)
```

通常来说，不应该直接使用驱动所提供的方法，而是应该使用 sql.DB，因此在导入 MySQL 驱动时，这里使用了匿名导入的方式（在包路径前添加_），当导入一个数据库驱动后，此驱动会自行初始化并注册自己到 Go 的 database/sql 上下文中，程序就可以通过 database/sql 包提供的方法访问数据库了。

16.2.2　MySQL 数据库操作

先建立表结构。

```
CREATE TABLE t_article_cate (
`cid` int(10) NOT NULL AUTO_INCREMENT,
  `cname` varchar(60) NOT NULL,
  `ename` varchar(100),
```

```
        `cateimg` varchar(255),
        `addtime` int(10) unsigned NOT NULL DEFAULT '0',
        `publishtime` int(10) unsigned NOT NULL DEFAULT '0',
        `scope` int(10) unsigned NOT NULL DEFAULT '10000',
        `status` tinyint(1) unsigned NOT NULL DEFAULT '0',
        PRIMARY KEY (`cid`),
        UNIQUE    KEY catename (`cname`)
      ) ENGINE=InnoDB AUTO_INCREMENT=99 DEFAULT CHARSET=utf8 COLLATE=utf8_general_ci;
```

下面代码使用预编译的方式，来进行增删改查的操作，并通过事务来批量提交一批数据。预编译语句（Prepared Statement）提供了诸多好处，可以实现自定义参数的查询，通常来说，比手动拼接 SQL 语句高效，可以防止 SQL 注入攻击。

在 Go 语言中对数据类型要求很严格，一般查询数据时先定义数据类型，但是查询数据库中的数据时有三种状态：存在值、存在零值、未赋值 NULL，因此可以将待查询的数据类型定义为 sql.Nullxxx 类型，可以通过判断 Valid 值来判断查询到的值是赋值状态还是未赋值 NULL 状态。如：sql.NullInt64、sql.NullString 等。

下面把 MySQL 数据库操作分为插入数据、删除数据、修改数据、查询数据和事务处理五个部分，读者可以通过对每个部分的深入了解，学习 Go 语言中 MySQL 数据库的使用情况。主要程序代码如下所示：

```go
// GOPATH\src\go42\chapter-16\16.2\1\main.go

package main

import (
    "database/sql"
    "fmt"
    "strings"
    "time"

    _ "github.com/go-sql-driver/mysql"
)

type DbWorker struct {
    Dsn string
    Db    *sql.DB
}

type Cate struct {
    cid       int
    cname     string
    addtime int
    scope     int
}

func main() {
    // 注意修改 mydb 为自己的数据库名
    dbw := DbWorker{Dsn: "root:123456@tcp(localhost:3306)/mydb?charset=utf8mb4"}
    // 支持下面几种 DSN 写法，具体看 mysql 服务端配置，常见为第 2 种
    // user@unix(/path/to/socket)/dbname?charset=utf8
    // user:password@tcp(localhost:5555)/dbname?charset=utf8
```

```
// user:password@/dbname
// user:password@tcp([de:ad:be:ef::ca:fe]:80)/dbname

dbtemp,   err := sql.Open("mysql",   dbw.Dsn)
dbw.Db = dbtemp

if err != nil {
     panic(err)
     return
}
defer dbw.Db.Close()

// 插入数据测试
dbw.insertData()

// 删除数据测试
dbw.deleteData()

// 修改数据测试
dbw.editData()

// 查询数据测试
dbw.queryData()

// 事务操作测试
dbw.transaction()
}
```

下面看看数据的各种操作以及事务处理。

（1）插入数据操作由方法 insertData()完成，插入记录成功后自增字段的值可以通过LastInsetId()得到。代码如下：

```
// 插入数据，sql 预编译
func (dbw *DbWorker) insertData() {
    stmt, _ := dbw.Db.Prepare(`INSERT INTO t_article_cate (cname, addtime, scope) VALUES (?, ?, ?)`)
    defer stmt.Close()

    ret, err := stmt.Exec("栏目 1", time.Now().Unix(), 10)
    // 通过返回的 ret 可以进一步查询本次插入数据影响的行数
    // RowsAffected 和最后插入的 Id(如果数据库支持查询最后插入 Id)
    if err != nil {
        fmt.Printf("插入数据出错：  %v\n", err)
        return
    }
    if LastInsertId, err := ret.LastInsertId(); nil == err {
        fmt.Println("最后插入记录的 ID：", LastInsertId)
    }
    if RowsAffected, err := ret.RowsAffected(); nil == err {
        fmt.Println("插入有效的行数：", RowsAffected)
    }
}
```

（2）删除数据操作由方法 deleteData()完成。代码如下：

```go
// 删除数据，预编译
func (dbw *DbWorker) deleteData() {
    stmt,   err := dbw.Db.Prepare(`DELETE FROM t_article_cate WHERE cid=?`)
    ret,    err := stmt.Exec(122)
    // 通过返回的 ret 可以进一步查询本次删除数据影响的行数 RowsAffected
    if err != nil {
        fmt.Printf("删除数据出错：   %v\n", err)
        return
    }
    if RowsAffected, err := ret.RowsAffected(); nil == err {
        fmt.Println("删除有效的行数：", RowsAffected)
    }
}
```

（3）修改数据操作由方法 editData()完成。代码如下：

```go
// 修改数据，预编译
func (dbw *DbWorker) editData() {
    stmt,   err := dbw.Db.Prepare(`UPDATE t_article_cate SET scope=? WHERE cid=?`)
    ret,    err := stmt.Exec(111,   123)
    // 通过返回的 ret 可以进一步查询本次修改数据影响的行数 RowsAffected
    if err != nil {
        fmt.Printf("修改数据出错：   %v\n", err)
        return
    }
    if RowsAffected, err := ret.RowsAffected(); nil == err {
        fmt.Println("修改有效的行数：", RowsAffected)
    }
}
```

（4）查询数据操作由方法 queryData()完成。代码如下：

```go
// 查询数据，预编译
func (dbw *DbWorker) queryData() {
    // 如果方法包含 Query，那么这个方法是用于查询并返回 rows 的。其他用 Exec()
    // 另外一种写法
    // rows, err := db.Query("select id, name from users where id = ?", 1)
    stmt, _ := dbw.Db.Prepare(`SELECT cid, cname, addtime, scope From t_article_cate where status=?`)
    // err = db.QueryRow("select name from users where id = ?", 1).Scan(&name)
    // 单行查询，直接处理
    defer stmt.Close()

    rows, err := stmt.Query(0)
    defer rows.Close()
    if err != nil {
        fmt.Printf("查询数据出错：   %v\n", err)
        return
    }

    columns, _ := rows.Columns()                //得到字段名
    fmt.Println("字段名：", columns)
// 下面两种取数据方式都比较原生，实际中一般都选择 ORM 框架
    //1.数据保存到结构体
    cate := Cate{}
```

```
        for rows.Next() {
                //将行数据保存到结构体
                err = rows.Scan(&cate.cid, &cate.cname, &cate.addtime, &cate.scope)
                fmt.Println(cate)
        }
        /*
                // 2.通过 slice 取数据
                rowMaps := make([]map[string]string, 4) // 数据 key:value 的 slice
                values := make([]sql.RawBytes, len(columns))
                scans := make([]interface{}, len(columns))
                for i := range values {
                        scans[i] = &values[i]
                }
                i := 0
                for rows.Next() {
                        //将行数据保存到字典
                        err = rows.Scan(scans...)          // 保存当前数据行 row 的值到 slice
                        each := make(map[string]string, 4) // 定义 map(key:value)

                        for i, col := range values {
                                each[columns[i]] = string(col) // 写 k/v 数据
                        }

                        // rowMaps 切片追加数据，索引位置有意思。不这样写就不是希望的样子。
                        rowMaps = append(rowMaps[:i], each)
                        fmt.Println(each)
                        i++
                }

                for i, col := range rowMaps {
                        fmt.Println(i, col)
                }
        */
        err = rows.Err()
        if err != nil {
                fmt.Printf(err.Error())
        }
}
```

　　每次 db.Query 操作后，建议调用 rows.Close()。因为 db.Query()会从数据库连接池中获取一个连接，这个底层连接在结果集(rows)未关闭前会被标记为处于繁忙状态。当遍历读到最后一条记录时，会发生一个内部 EOF 错误，自动调用 rows.Close()，但如果提前退出循环，rows 不会关闭，连接不会回到连接池中，也不会关闭，则此连接会一直被占用。

　　因此通常使用 defer rows.Close()来确保数据库连接可以正确放回到连接池中。总之，在数据库操作中使用 defer xxx.Close 来关闭释放资源是一种良好的行为。

　　（5）事务处理由方法 transaction()完成。其中 db.Begin()开始事务，Commit()或 Rollback()关闭事务。Tx 从连接池中取出一个连接，在关闭之前都使用这个连接。Tx 不能和 DB 层的BEGIN，COMMIT 混合使用。代码如下：

```
// 事务处理，预编译
func (dbw *DbWorker) transaction() {
```

```
        tx, err := dbw.Db.Begin()
        if err != nil {
                fmt.Printf("事务处理数据出错： %v\n", err)
                return
        }
        defer tx.Rollback()
        stmt, err := tx.Prepare(`INSERT INTO t_article_cate (cname, addtime, scope) VALUES (?, ?, ?)`)
        if err != nil {
                fmt.Printf("事务处理数据出错： %v\n", err)
                return
        }

        for i := 100; i < 110; i++ {
                cname := strings.Join([]string{"栏目-", string(i)}, "-")
                _, err = stmt.Exec(cname, time.Now().Unix(), i+20)
                if err != nil {
                        fmt.Printf("事务处理插入数据出错： %v\n", err)
                        return
                }
        }
        err = tx.Commit()
        if err != nil {
                fmt.Printf("事务处理提交出错： %v\n", err)
                return
        }
        stmt.Close()
        fmt.Println("事务处理成功完成\n")
}
```

以上 MySQL 增删改查操作以及事务处理都有注释和说明，读者在开发中多多运用会学习到更多的经验，尤其是有关查询操作，如 SQL 语句的优化等。

16.3　LevelDB 与 BoltDB 数据库

LevelDB 和 BoltDB 都是 k/v 非关系型数据库。

LevelDB 没有事务，而是实现了一个日志结构化的 MergeTree，这让它不需要每次有数据更新就将数据写入到磁盘中。它将有序的键-值对存储在不同的文件中，在 db 目录下有很多数据文件，并通过"层级"把它们分开，并且周期性地将较小的文件合并为较大的文件。这使其在随机写的时候会很快。

这也让 LevelDB 的性能不可预知：在数据量很小的时候，它可能性能很好，但随着数据量的增加，读性能只会越来越糟糕。而且做合并的线程也会在服务器上出现问题。

> LSM 树通过批量存储技术规避磁盘随机写入问题。LSM 树的设计思想非常朴素，它的原理是把一棵大树拆分成 N 棵小树，它首先写入到内存中（内存没有寻道速度的问题，随机写的性能得到大幅提升），在内存中构建一棵有序小树，随着小树越来越大，内存的小树会强制刷出到磁盘上。磁盘中的树定期可以做合并操作，合并成一棵大树，以优化读性能。

BoltDB 会在数据文件上获得一个文件锁，所以多个进程不能同时打开同一个数据库。BoltDB 使用一个单独的内存映射的文件（.db），实现一个写入时复制的 B+树，这能让读取更快。而且，BoltDB 的载入时间很快，特别是在从崩溃中恢复的时候，因为它不需要通过读日志找到上次成功的事务，仅需要从两个 B+树的根节点读取 ID。

BoltDB 支持完全可序列化的 ACID 事务，让应用程序可以更简单地处理复杂操作。

BoltDB 设计源于 LMDB，具有以下特点：

- 直接使用 API 存取数据，没有查询语句。
- 支持完全可序列化的 ACID 事务，这个特性比 LevelDB 强。
- 数据保存在内存映射的文件里。没有 WAL[⊖]、线程压缩和垃圾回收。
- 通过 COW[⊖]技术，可实现无锁的读写并发，但是无法实现无锁的写写并发，这就注定了读性能超高，但写性能一般，适合读多写少的场景。
- 最后，BoltDB 使用 Go 语言开发，而且被应用于 InfluxDB 项目作为底层存储。

> LMDB 的全称是 Lightning Memory-Mapped Database（快如闪电的内存映射数据库），它的文件结构简单，包含一个数据文件和一个锁文件。
>
> LMDB 文件可以同时由多个进程打开，具有极高的数据存取速度，访问简单，不需要运行单独的数据库管理进程，只要在访问数据的代码里引用 LMDB 库，访问时给出文件路径即可。
>
> 系统访问大量小文件的开销很大，而 LMDB 使用内存映射的方式访问文件，使得文件内寻址的开销非常小，使用指针运算就能实现。数据库单文件还能减少数据集复制/传输过程的开销。

16.3.1 LevelDB 数据库操作

Go 语言中使用 github.com/syndtr/goleveldb/leveldb 包实现 LevelDB，通过 go get 命令下载该包后在程序中导入。

goleveldb 主要有 Get()，Put()等方法，可进行 key-value 的读取和写入，可进行事务批量 Put()插入 key，Delete()删除某个 key。例如：

```
// GOPATH\src\go42\chapter-16\16.3\1\main.go

package main

import (
        "fmt"
        "strconv"

        "crypto/md5"

        "github.com/syndtr/goleveldb/leveldb"
        "github.com/syndtr/goleveldb/leveldb/util"
)
```

⊖ WAL（Write-Ahead Logging），预写日志系统，数据库中一种高效的日志算法，在事务提交时，磁盘写操作次数只有传统的回滚日志的一半左右，大大提高了数据库磁盘 I/O 操作的效率，从而提高了数据库的性能。

⊖ COW（Copy-On-Write），写时复制快照技术，顾名思义，如果要改写源数据块上的原始数据，首先将原始数据复制到新数据块中，然后再进行改写。

```
var md = md5.New()

// 测试专用
func Read(db *leveldb.DB, num int) {
    var kStr string
    var haskKey string
    kStr = strconv.Itoa(num)
    md.Write([]byte(kStr))
    haskKey = fmt.Sprintf("%x", md.Sum(nil))
    md.Reset()

    db.Get([]byte(haskKey), nil)
}

// 测试专用
func Write(db *leveldb.DB, num int) {
    var kStr string
    var haskKey string
    kStr = strconv.Itoa(num)
    md.Write([]byte(kStr))
    haskKey = fmt.Sprintf("%x", md.Sum(nil))
    md.Reset()

    db.Put([]byte(haskKey), []byte(kStr), nil)
}

func main() {
    // 打开数据库文件 /path/to/db ,第一个参数为存放数据的目录，不是具体文件
    // o := &opt.Options{    Filter: filter.NewBloomFilter(10),}
    // OpenFile 第 2 个参数这里指定为 nil，在数据集大时可设置，如布隆过滤器。
    // *opt.Options 为 nil 默认为 false ，true 为只读模式 ReadOnly
    db, _ := leveldb.OpenFile("levdb", nil)

    defer db.Close()

    // 读数据库:Get(key,nil)，写数据库:Put(key,value,nil)
    // Put 第三个参数为 nil，默认设置即可，默认时写的时候如果机器崩溃了数据会丢失。
    // key 和 value 都是字节切片
    _ = db.Put([]byte("key1"), []byte("好好检查"), nil)
    _ = db.Put([]byte("key2"), []byte("天天向上"), nil)
    _ = db.Put([]byte("key:3"), []byte("就会一个本事"), nil)
    _ = db.Put([]byte("uname"), []byte("Jim"), nil)
    _ = db.Put([]byte("time"), []byte("1450932202"), nil)

    // 读数据库:Get(key,nil)，返回字节切片
    data, _ := db.Get([]byte("key1"), nil)
    fmt.Println("key1=>", string(data))

    // 删除某个 key(key,nil)，key 不存在时并不返回错误
    _ = db.Delete([]byte("key"), nil)

    //迭代数据库内容:
```

```
        iter := db.NewIterator(nil, nil)
        fmt.Println("迭代所有 key/value")
        for iter.Next() {
                key := iter.Key()
                value := iter.Value()
                fmt.Println(string(key), "=>", string(value))

        }
        iter.Release()
        iter.Error()

        // Seek()定位到比给定 key 值（字节值）大的第一个 key，可迭代所有筛选出的 key-value:
        iter = db.NewIterator(nil, nil)
        fmt.Println("\nSeek()按值筛选查找 key")
        for ok := iter.Seek([]byte("t")); ok; ok = iter.Next() {
                // Use key/value.
                fmt.Println("Seek-then-Iterate:")
                fmt.Println(string(iter.Key()), "=>", string(iter.Value()))
        }
        iter.Release()

        //迭代内容子集:start 表示 key 中包含有的字符串， Limit 表示 key 不能包含有字符串
        fmt.Println("\n 按照指定（排除）条件筛选 key")
        iter = db.NewIterator(&util.Range{Start: []byte("key"), Limit: []byte("no")}, nil)
        for iter.Next() {
                // Use key/value.
                fmt.Println("Iterate over subset of database content:")
                fmt.Println(string(iter.Key()), "=>", string(iter.Value()))
        }
        iter.Release()

        //迭代子集内容，key 的前缀是指定字符串:
        fmt.Println("\n 查找指定前缀 key")
        iter = db.NewIterator(util.BytesPrefix([]byte("key")), nil)
        for iter.Next() {
                // Use key/value.
                fmt.Println("Iterate over subset of database content with a particular prefix:")
                fmt.Println(string(iter.Key()), "=>", string(iter.Value()))
        }
        iter.Release()

        _ = iter.Error()

        //批量写:
        batch := new(leveldb.Batch)
        var kStr string
        var batchkey string
        for i := 0; i < 10; i++ {
                kStr = strconv.Itoa(i)
                md.Write([]byte(kStr))
                batchkey = fmt.Sprintf("%x", md.Sum(nil))
                batch.Put([]byte(batchkey), []byte(kStr))
```

```
        }
        md.Reset()
        batch.Delete([]byte("lazy"))
        _ = db.Write(batch, nil)
    }
```

Leveldb 比较突出的问题是读操作，在大量 key 的情况下可能成为性能的瓶颈，读者可以根据场景来选择使用。下面是作者进行的几种数量级别的基准测试数据。

BenchmarkWrite-4	100000	14541 ns/op
BenchmarkRead-4	100000	13094 ns/op
BenchmarkWrite-4	500000	12724 ns/op
BenchmarkRead-4	500000	17002 ns/op
BenchmarkWrite-4	1000000	13355 ns/op
BenchmarkRead-4	1000000	20610 ns/op
BenchmarkWrite-4	3000000	15644 ns/op
BenchmarkRead-4	3000000	22742 ns/op

可以看到，随着 key 的数量的增加，读性能明显下降，而写的性能则不受影响。

16.3.2　BoltDB 数据库操作

使用 github.com/boltdb/bolt 包实现 Go 语言的 BoltDB，通过 go get 命令下载该包后在程序中导入。

BoltDB 中与存储有关的重要概念是桶（bucket），存取操作之前都需要指定桶，如果读数据时指定桶不存在，则会发生运行时异常。例如：

```
// GOPATH\src\go42\chapter-16\16.3\2\main.go

package main

import (
    "bytes"
    "fmt"
    "log"
    "time"

    "github.com/boltdb/bolt"
)

func main() {
    Boltdb()
}
func Boltdb() error {
    // Bolt 会在数据文件上获得一个文件锁，所以多个进程不能同时打开同一个数据库。
    // 打开一个已经打开的 Bolt 数据库将导致它挂起，直到另一个进程关闭它。
    // 为防止无限期等待，可以将超时选项传递给 Open()函数：
    db, err := bolt.Open("my.db", 0600, &bolt.Options{Timeout: 10 * time.Second})
```

240

```
    defer db.Close()
    if err != nil {
        log.Fatal(err)
    }


    // 两种处理方式：读-写和只读操作，读-写方式开始于 db.Update 方法：
    // Bolt 一次只允许一个读-写事务，但是一次允许多个只读事务。
    // 每个事务处理都有一个始终如一的数据视图
    err = db.Update(func(tx *bolt.Tx) error {
        // 这里还有另外一层：k-v 存储在 bucket 中，
        // 可以将 bucket 当作一个 key 的集合或者是数据库中的表。
        // （顺便提一句，buckets 中可以包含其他的 buckets，这将会相当有用）
        //Buckets 是键值对在数据库中的集合。所有在 bucket 中的 key 必须唯一。
        // 使用 DB.CreateBucket() 函数建立 buket
        //Tx.DeleteBucket() 删除 bucket
        // b := tx.Bucket([]byte("MyBucket"))
        b, err := tx.CreateBucketIfNotExists([]byte("MyBucket"))

        //要将 key-value 对保存到 bucket，请使用 Bucket.Put() 函数
        //这将在 MyBucket 的 bucket 中将 "answer" key 的值设置为"42"。
        err = b.Put([]byte("answer"), []byte("42"))
        err = b.Put([]byte("why"), []byte("101010"))
        return err
    })


    // 可以看到，传入 db.update 函数一个参数，在函数内部可以 get/set 数据和处理 error。
    // 如返回为 nil，事务就会从数据库得到一个 commit，但如果返回一个实际的错误，则会做回
    // 滚，在函数中做的事情都不会 commit。这很自然，因为你不需要人为地去关心事务的回
    // 滚，只需要返回一个错误，其他的由 Bolt 去帮你完成。
    // 只读事务。只读事务和读写事务不应该相互依赖，一般不应该在同一个例程中同时打开。
    // 这可能会导致死锁，因为读写事务需要定期重新映射数据文件，
    // 但只有在只读事务处于打开状态时才能这样做。

    // 批量读写事务。每一次新的事务都需要等待上一次事务的结束，
    // 可以通过 DB.Batch()批处理来完成
    err = db.Batch(func(tx *bolt.Tx) error {
        return nil
    })


    //只读事务在 db.View 函数中可以读取，但是不能做修改。
    db.View(func(tx *bolt.Tx) error {
        //要检索这个 value，可以使用 Bucket.Get() 函数。
        //由于 Get 是有安全保障的，所以不会返回错误，不存在的 key 返回 nil
        b := tx.Bucket([]byte("MyBucket"))
        //tx.Bucket([]byte("MyBucket")).Cursor() 可这样写
        v := b.Get([]byte("answer"))
        id, _ := b.NextSequence()
        fmt.Printf("The answer is: %s %d \n", v, id)

        //游标遍历 key
        c := b.Cursor()
        fmt.Println("\n 游标遍历 key")
```

```
        for k, v := c.First(); k != nil; k, v = c.Next() {
            fmt.Printf("key=%s, value=%s\n", k, v)
        }

        //游标上有以下函数：
        //First()   移动到第一个键。
        //Last()    移动到最后一个键。
        //Seek()    移动到特定的一个键。
        //Next()    移动到下一个键。
        //Prev()    移动到上一个键。

        //Prefix  前缀扫描
        fmt.Println("\nPrefix  前缀扫描")
        prefix := []byte("a")
        for k, v := c.Seek(prefix); k != nil && bytes.HasPrefix(k, prefix); k, v = c.Next() {
            fmt.Printf("key=%s, value=%s\n", k, v)
        }
        return nil
})

//如果知道所在桶中拥有键，也可以使用 ForEach()来迭代：
db.View(func(tx *bolt.Tx) error {
    fmt.Println("\nForEach()来迭代")
    b := tx.Bucket([]byte("MyBucket"))
    b.ForEach(func(k, v []byte) error {
        fmt.Printf("key=%s, value=%s\n", k, v)
        return nil
    })
    return nil
})

//事务处理
// 开始事务
tx, err := db.Begin(true)
if err != nil {
    return err
}
defer tx.Rollback()

// 使用事务...
_, err = tx.CreateBucket([]byte("MyBucket"))
if err != nil {
    return err
}

// 事务提交
```

```
        if err = tx.Commit(); err != nil {
            return err
        }
        return err

        //还可以在一个键中存储一个桶，以创建嵌套的桶：
        //func (*Bucket) CreateBucket(key []byte) (*Bucket, error)
        //func (*Bucket) CreateBucketIfNotExists(key []byte) (*Bucket, error)
        //func (*Bucket) DeleteBucket(key []byte) error
    }
```

　　BoltDB 的性能测试这里就不再阐述，和 LevelDB 相反，它在写性能上存在瓶颈，而读性能非常有优势。这两者需要根据场景来选择使用。

第17章 网络爬虫

17.1 Colly 网络爬虫框架

Colly 是用 Go 语言实现的网络爬虫框架。Colly 快速优雅，在单核上每秒可以发起 1000 次以上请求；以回调函数的形式提供了一组接口，可以实现任意类型的爬虫。

Colly 的特性如下：

- 清晰的 API
- 快速（单个内核上的请求数大于 1000）
- 管理每个域的请求延迟和最大并发数
- 自动 cookie 和会话处理
- 同步/异步/并行抓取
- 高速缓存
- 自动处理非 Unicode 的编码
- 支持 Robots.txt
- 定制 Agent 信息
- 定制抓取频次

特性如此多，引无数程序员竞折腰。下面开始 Colly 之旅吧。

首先，下载安装第三方包，命令为：go get -u github.com/gocolly/colly/。

接下来在代码中导入包。

```
import "github.com/gocolly/colly"
```

准备工作已经完成，接下来就看看 Colly 的使用方法和主要用途。

Colly 的主体是 Collector 对象，管理网络通信和负责在程序运行时执行附加的回调函数。使用 Colly 需要先初始化 Collector：

```
c := colly.NewCollector()
```

NewCollector 也是变参函数，参数类型为函数类型 func(*Collector)，主要是用来初始化一个 &Collector{}对象。而在 Colly 中有不少函数都返回这个函数类型 func(*Collector)，如 UserAgent (us string)用来设置 UA。下面是这两个函数的签名：

```
NewCollector(options ...func(*Collector)) *Collector
UserAgent(ua string) func(*Collector)
```

在 Go 语言中采用回调函数的形式可以更灵活、更方便地初始化对象，设置对象属性。

一旦得到一个 Colly 对象，可以向 Colly 附加各种类型的回调函数（回调函数在 Colly 中广泛使用）来控制收集作业或获取信息，回调函数的调用顺序如下：

（1）OnRequest：在发起请求前被调用，做每次抓取前的预处理工作。

（2）OnError：请求过程中如果发生错误被调用。

（3）OnResponse：收到响应后被调用，处理刚响应的数据。

（4）OnHTML：在 OnResponse 之后被调用，如果收到的内容是 HTML 代码，会根据页面上的 DOM 进行分析。

（5）OnScraped：在 OnHTML 之后被调用，处理抓取后的收尾工作。

下面看一个例子。

```go
// GOPATH\src\go42\chapter-17\17.1\1\main.go

package main

import (
    "fmt"

    "github.com/gocolly/colly"
)

func main() {
    // NewCollector(options ...func(*Collector)) *Collector
    // 声明初始化 NewCollector 对象时可以指定 Agent、连接递归深度、URL 过滤以及 domain 限制等
    c := colly.NewCollector(
        //colly.AllowedDomains("news.baidu.com"),
        colly.UserAgent("Opera/9.80 (Windows NT 6.1; U; zh-cn) Presto/2.9.168 Version/11.50"))

    // 发出请求时附的回调
    c.OnRequest(func(r *colly.Request) {
        // Request 头部设定
        r.Headers.Set("Host", "baidu.com")
        r.Headers.Set("Connection", "keep-alive")
        r.Headers.Set("Accept", "*/*")
        r.Headers.Set("Origin", "")
        r.Headers.Set("Referer", "http://www.baidu.com")
        r.Headers.Set("Accept-Encoding", "gzip, deflate")
        r.Headers.Set("Accept-Language", "zh-CN, zh;q=0.9")

        fmt.Println("Visiting", r.URL)
    })

    // 对响应的 HTML 元素处理
    c.OnHTML("title", func(e *colly.HTMLElement) {
        //e.Request.Visit(e.Attr("href"))
        fmt.Println("title:", e.Text)
    })

    c.OnHTML("body", func(e *colly.HTMLElement) {
        // <div class="hotnews" alog-group="focustop-hotnews"> 下所有的 a 解析
        e.ForEach(".hotnews a", func(i int, el *colly.HTMLElement) {
            band := el.Attr("href")
            title := el.Text
            fmt.Printf("新闻 %d : %s - %s\n", i, title, band)
```

```
                      // e.Request.Visit(band)
              })
       })

       // 发现并访问下一个连接
       //c.OnHTML(`.next a[href]`, func(e *colly.HTMLElement) {
       //     e.Request.Visit(e.Attr("href"))
       //})

       // extract status code
       c.OnResponse(func(r *colly.Response) {
              fmt.Println("response received", r.StatusCode)
              // 设置 context
              // fmt.Println(r.Ctx.Get("url"))
       })

       // 对 visit 的线程数做限制，visit 可以同时运行多个
       c.Limit(&colly.LimitRule{
              Parallelism: 2,
              //Delay:         5 * time.Second,
       })

       c.Visit("http://news.baidu.com")
   }
```

上面代码在开始处对 Colly 做了简单的初始化，增加 UserAgent 和域名限制，其他的设置可根据实际情况来设置，Url 过滤、抓取深度等都可以在此设置。

该例只是简单说明了 Colly 在爬虫抓取、调度管理方面的优势，对此如有兴趣可深入了解。大家在深入学习 Colly 时，可自行选择更合适的 URL。

程序运行后，开始根据 news.baidu.com 抓取页面结果，通过 OnHTML 回调函数分析首页中的热点新闻标题及链接，并可不断地抓取更深层次的新链接进行访问，每个链接的访问结果可以通过 OnHTML 进行分析，也可通过 OnResponse 进行处理。例子中没有进一步展示深层链接的内容，有兴趣的读者可以深入研究。

下面来看看 OnHTML 这个方法的签名。

```
func (c *Collector) OnHTML(goquerySelector string, f HTMLCallback)
```

直接在参数中标明了 goquerySelector，上例中有简单尝试。这和下面要介绍的 goquery HTML 解析框架有一定联系。可以使用 goquery 更轻松地分析 HTML 代码。

17.2 goquery HTML 解析

Colly 框架可以快速发起请求，接收服务器响应。但如果需要分析返回的 HTML 代码，仅仅使用 Colly 就有点吃力了。而 goquery 第三方包是一个使用 Go 语言写成的 HTML 解析库，功能更加强大。

goquery 引入了 jQuery 的语法和特性，所以可以更灵活地选择采集内容的数据项，用 jQuery 的方式来操作 DOM 文档，使用起来非常简便。

goquery 的主要结构如下：

```
type Document struct {
    *Selection
    Url       *url.URL
    rootNode *html.Node
}
```

Document 嵌入了 Selection 类型，因此，Document 可以直接使用 Selection 类型的方法。可以通过下面四种方式来初始化得到*Document 对象。

```
func NewDocumentFromNode(root *html.Node) *Document

func NewDocument(url string) (*Document, error)

func NewDocumentFromReader(r io.Reader) (*Document, error)

func NewDocumentFromResponse(res *http.Response) (*Document, error)
```

Selection 是一个重要的结构体，解析中最重要、最核心的方法都由它提供。

```
type Selection struct {
    Nodes      []*html.Node
    document *Document
    prevSel    *Selection
}
```

下面了解一下怎么使用 goquery。

首先，要确定已经下载安装了这个第三方包，地址为：

```
go get github.com/PuerkitoBio/goquery
```

接下来在代码中导入包：

```
import "github.com/PuerkitoBio/goquery"
```

goquery 的主要用法是选择器，需要借鉴 jQuery 的特性，多加练习就能很快掌握。限于篇幅，这里只能简单介绍 goquery 的大概情况。

goquery 可以直接发送 URL 请求，获得响应后得到 HTML 代码。但 goquery 主要擅长 HTML 代码分析，而 Colly 在爬虫抓取管理调度上有优势，所以下面以 Colly 作为爬虫框架，goquery 作为 HTML 分析器，看看怎么抓取并分析页面内容。

```
// GOPATH\src\go42\chapter-17\17.2\1\main.go

package main

import (
    "bytes"
    "fmt"
    "log"
    "net/url"
    "time"

    "github.com/PuerkitoBio/goquery"
    "github.com/gocolly/colly"
)
```

```go
func main() {
    urlstr := "https://news.baidu.com"
    u, err := url.Parse(urlstr)
    if err != nil {
        log.Fatal(err)
    }
    c := colly.NewCollector()
    // 超时设定
    c.SetRequestTimeout(100 * time.Second)
    // 指定 Agent 信息
    c.UserAgent = "Mozilla/5.0 (Windows NT 10.0; WOW64) AppleWebKit/537.36 (KHTML, like Gecko) Chrome/63.0.3239.108 Safari/537.36"
    c.OnRequest(func(r *colly.Request) {
        // Request 头部设定
        r.Headers.Set("Host", u.Host)
        r.Headers.Set("Connection", "keep-alive")
        r.Headers.Set("Accept", "*/*")
        r.Headers.Set("Origin", u.Host)
        r.Headers.Set("Referer", urlstr)
        r.Headers.Set("Accept-Encoding", "gzip, deflate")
        r.Headers.Set("Accept-Language", "zh-CN, zh;q=0.9")
    })

    c.OnHTML("title", func(e *colly.HTMLElement) {
        fmt.Println("title:", e.Text)
    })

    c.OnResponse(func(resp *colly.Response) {
        fmt.Println("response received", resp.StatusCode)

        // goquery 直接读取 resp.Body 的内容
        htmlDoc, err := goquery.NewDocumentFromReader(bytes.NewReader(resp.Body))

        // 读取 url 再传给 goquery，访问 url 读取内容，此处不建议使用
        // htmlDoc, err := goquery.NewDocument(resp.Request.URL.String())

        if err != nil {
            log.Fatal(err)
        }

        // 找到抓取项 <div class="hotnews" alog-group="focustop-hotnews"> 下所有的 a 解析
        htmlDoc.Find(".hotnews a").Each(func(i int, s *goquery.Selection) {
            band, _ := s.Attr("href")
            title := s.Text()
            fmt.Printf("热点新闻 %d: %s - %s\n", i, title, band)
            c.Visit(band)
        })

    })

    c.OnError(func(resp *colly.Response, errHttp error) {
```

```
            err = errHttp
    })

    err = c.Visit(urlstr)
}
```

上面代码中，goquery 先通过 goquery.NewDocumentFromReader 生成文档对象 htmlDoc。有了 htmlDoc 就可以使用选择器，选择器的目的主要是定位 htmlDoc.Find(".hotnews a").Each(func(i int, s *goquery.Selection)，找到文档中的<div class="hotnews" alog-group="focustop-hotnews">。

有关选择器 Find()方法的使用语法，是不是有些熟悉的感觉？没错，就是 jQuery 的样子。

在 goquery 中，常用选择器语法见表 17-1。

表 17-1　goquery 常用选择器语法

选　择　器	说　　明
Find("#id")	id="id" 的元素
Find(".class")	所有 class="class" 的元素
Find("p")	所有 <p> 元素
Find("div[lang]")	筛选含有 lang 属性的 div 元素
Find("div[lang=zh]")	筛选 lang 属性为 zh 的 div 元素
Find("div[lang!=zh]")	筛选 lang 属性不等于 zh 的 div 元素
Find("div[lang|=zh]")	筛选 lang 属性为 zh 或者 zh-开头的 div 元素
div[lang*=zh]	筛选 lang 属性包含 zh 这个字符串的 div 元素
Find("div[lang~=zh]")	筛选 lang 属性包含 zh 这个单词的 div 元素，单词以空格分开
Find("div[lang$=zh]")	筛选 lang 属性以 zh 结尾的 div 元素，区分大小写
Find("div[lang^=zh]")	筛选 lang 属性以 zh 开头的 div 元素，区分大小写

下列几个选择器也很常用。

（1）parent>child 选择器

如果想筛选出某个元素下符合条件的子元素，可以使用子元素筛选器，它的语法为 Find("parent>child")，表示筛选 parent 这个父元素下，符合 child 这个条件的最直接（一级）的子元素。

（2）prev+next 相邻选择器

假设要筛选的元素没有规律，但是该元素的上一个元素有规律，可以使用这种下一个相邻选择器来进行选择。

（3）prev~next 选择器

有相邻就有兄弟，兄弟选择器就不一定要求相邻了，只要它们共有一个父元素就可以。

Colly + goquery 是抓取网络内容的利器，使用极方便。如今动态渲染的页面越来越多，爬虫们或多或少都需要用到 headless browser 来渲染待爬取的页面，这里推荐开源软件 chromedp，网址为 https://github.com/chromedp/chromedp。

第 18 章　Web 框架——Gin

18.1　关于 Gin

在 Go 语言的 Web 开发中，有两款著名框架的命名都与酒有关：Martini（马丁尼）和 Gin（杜松子酒），由于我不善饮酒，所以对这两种酒的优劣暂不做评价，但说起 Web 框架比较，Gin 比 Martini 强得多。

Gin 具有运行速度快、分组的路由、良好的异常捕获和错误处理、非常好的支持中间件和 JSON 等优点，是一款值得好好研究的 Web 框架，网址是 https://github.com/gin-gonic/gin。

首先下载安装 gin 包。

```
go get -u github.com/gin-gonic/gin
```

一个简单的例子如下：

```
// GOPATH\src\go42\chapter-1\18.1\1\main.go

package main

import "github.com/gin-gonic/gin"

func main() {
    r := gin.Default()
    r.GET("/ping", func(c *gin.Context) {
        c.JSON(200, gin.H{
            "message": "pong",
        })
    })
    r.Run() // listen and serve on 0.0.0.0:8080
}
```

编译、运行程序，打开浏览器，访问 http://localhost:8080/ping。

页面显示如下：

```
{"message":"pong"}
```

很轻松地以 JSON 格式输出了数据。

Gin 的功能不只是简单输出 JSON 数据。它是一个轻量级的 Web 框架，支持 RESTful 风格的 API，支持 GET，POST，PUT，PATCH，DELETE 和 OPTIONS 等 http 方法，支持文件上传、分组路由、Multipart/Urlencoded FORM，以及支持 JSONP、参数处理、异常捕获、错误管理等功能，这些都和 Web 开发紧密相关，通过提供这些功能，使开发人员更能集中精力处理 Web 业务。

18.2　Gin 实际应用

接下来使用 Gin 作为框架来搭建一个由静态资源站点、动态 Web 站点以及 RESTful API 接口站点（可专门为手机 APP 应用提供服务）组成的网站，亦可根据情况分拆这套系统，每种功能独立出来单独提供服务。

下面按照一套系统但采用分站点来说明。首先是整个系统的目录结构，如图 18-1 所示。website 目录下的 static 目录存放资源类文件，为静态资源站点专用；photo 目录是 UGC 上传图片目录，tpl 是动态站点的模板。当然这个目录结构是一种约定，可以根据实际情况来修改。整个项目已经开源，读者可以通过网址 https://github.com/ffhelicopter/tmm 详细了解。

每个站点的具体功能怎么实现呢？请看下面有关每个功能的讲述。

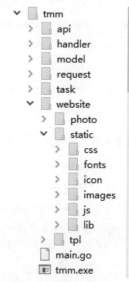

图 18-1　系统目录结构

18.2.1　静态资源站点

一般网站开发中，会考虑把 js，css 文件以及资源图片放在一起，作为静态站点部署在 CDN，提升响应速度。这个工作当然可以使用 net/http 包轻松实现，但使用 Gin 会更方便。

不管怎么样，使用 Go 语言开发，不用花太多时间在 Web 服务环境搭建上，程序启动就直接可以提供 Web 服务了。相关代码如下。

```
// GOPATH\src\go42\chapter-1\18.2\1\main.go

package main

import (
        "net/http"
        "github.com/gin-gonic/gin"
)

func main() {
        router := gin.Default()

        // 静态资源加载，本例为 css,js 文件以及资源图片
        router.StaticFS("/public", http.Dir("/path/github.com/ffhelicopter/tmm/website/static"))
        router.StaticFile("/favicon.ico", "./resources/favicon.ico")

        // Listen and serve on 0.0.0.0:80
        router.Run(":80")
}
```

首先需要生成一个 Engine，这是 Gin 的核心，默认带有 Logger 和 Recovery 两个中间件。如下所示生成了一个默认的 Engine：

```
router := gin.Default()
```

StaticFile 用于加载单个文件，StaticFS 用于加载一个完整的目录资源。

```
func (group *RouterGroup) StaticFile(relativePath, filepath string) IRoutes
func (group *RouterGroup) StaticFS(relativePath string, fs http.FileSystem) IRoutes
```

这些目录下的资源可以随时更新，不用重新启动程序。现在编译、运行程序，静态站点就可以正常访问了。

访问 http://localhost/public/images/logo.jpg，会发现图片加载正常。每次请求响应都会在服务端有日志产生，包括响应时间、加载资源名称、响应状态值等。

18.2.2　构建动态站点

有时需要实现动态交互的功能，例如发一段文字和图片上传。由于这些功能除了前端页面外，还需要服务端程序一起来实现，而且需要经常修改代码和模板，所以把它们统一放在一个大目录下，姑且称动态站点。

tpl 是动态站点所有模板的根目录，这些模板可调用静态资源站点的 css 文件、图片等，photo 是图片上传后存放的目录。相关代码如下。

```go
// GOPATH\src\go42\chapter-1\18.2\2\main.go

package main

import (
    "context"
    "log"
    "net/http"
    "os"
    "os/signal"
    "time"

    "github.com/ffhelicopter/tmm/handler"

    "github.com/gin-gonic/gin"
)

func main() {
    router := gin.Default()

    // 静态资源加载，本例为 css,js 文件以及资源图片
    router.StaticFS("/public", http.Dir("/path/src/github.com/ffhelicopter/tmm/website/static"))
    router.StaticFile("/favicon.ico", "./resources/favicon.ico")

    // 导入所有模板，多级目录结构需要这样写
    router.LoadHTMLGlob("/path/src/github.com/ffhelicopter/tmm/website/tpl/*/*")

    // website 分组
    v := router.Group("/")
    {
        v.GET("/index.html", handler.IndexHandler)
        v.GET("/add.html", handler.AddHandler)
        v.POST("/postme.html", handler.PostmeHandler)
    }
```

```
    // router.Run(":80")
// 下面代码（Go1.8+版本支持）是为了优雅处理重启。
    srv := &http.Server{
        Addr:         ":80",
        Handler:      router,
        ReadTimeout:  30 * time.Second,
        WriteTimeout: 30 * time.Second,
    }

    go func() {
        // 监听请求
        if err := srv.ListenAndServe(); err != nil && err != http.ErrServerClosed {
            log.Fatalf("listen: %s\n", err)
        }
    }()

    // 优雅 Shutdown（或重启）服务
    quit := make(chan os.Signal)
    signal.Notify(quit, os.Interrupt) // syscall.SIGKILL
    <-quit
    log.Println("Shutdown Server ...")

    ctx, cancel := context.WithTimeout(context.Background(), 5*time.Second)
    defer cancel()
    if err := srv.Shutdown(ctx); err != nil {
        log.Fatal("Server Shutdown:", err)
    }

    select {
        case <-ctx.Done():
        }
    log.Println("Server exiting")
}
```

在动态站点实现中，引入 Web 分组以及优雅重启这两个功能。Web 分组功能可以通过设置不同的组名来区别不同的模块，这里可以访问 http://localhost/index.html。如果新增一个分组，例如：

```
    v := router.Group("/login")
```

可以访问 http://localhost/login/xxxx，xxx 是 v.GET 方法或 v.POST 方法中的路径。

```
    // 导入所有模板，多级目录结构需要这样写
    router.LoadHTMLGlob("website/tpl/*/*")

    // website 分组
    v := router.Group("/")
    {
        v.GET("/index.html", handler.IndexHandler)
        v.GET("/add.html", handler.AddHandler)
        v.POST("/postme.html", handler.PostmeHandler)
    }
```

通过 router.LoadHTMLGlob("website/tpl/*/*") 导入模板根目录下所有的文件。前面讲过

html/template 包的使用，这里模板文件的语法和前面一致。下面导入 tpl 目录中所有模板文件。

```
        router.LoadHTMLGlob("website/tpl/*/*")
```

在 website 分组中，当用户访问 http://localhost/index.html 这个 URL，实际由 handler.Index Handler 来处理，即 v.GET("/index.html", handler.IndexHandler) 在起作用。而在 tmm 目录下的 handler 目录存放了 handler 包文件。在包里定义了 IndexHandler 函数，它使用了 index.html 模板。

```
func IndexHandler(c *gin.Context) {
    c.HTML(http.StatusOK, "index.html", gin.H{
        "Title": "作品欣赏",
    })
}
```

index.html 模板如下：

```html
<!DOCTYPE html>
<html>
<head>
{{template "header" .}}
</head>
<body>

<!--导航-->
<div class="feeds">
    <div class="top-nav">
      <a href="/index.tml" class="active">欣赏</a>
      <a href="/add.html" class="add-btn">
            <svg class="icon" aria-hidden="true">
                <use   xlink:href="#icon-add"></use>
            </svg>
            发布
      </a>
    </div>
    <input type="hidden" id="showmore" value="{$showmore}">
    <input type="hidden" id="page" value="{$page}">
    <!--</div>-->
</div>
<script type="text/javascript">
    var done = true;
    $(window).scroll(function(){
        var scrollTop = $(window).scrollTop();
        var scrollHeight = $(document).height();
        var windowHeight = $(window).height();
        var showmore = $("#showmore").val();
        if(scrollTop + windowHeight + 300 >= scrollHeight && showmore == 1 && done){
          var page = $("#page").val();
          done = false;
            $.get("{:U('Product/listsAjax')}", { page : page }, function(json) {
                if (json.rs != "") {
                        $(".feeds").append(json.rs);
                        $("#showmore").val(json.showmore);
```

```
                              $("#page").val(json.page);
                              done = true;
                          }
                      },'json');
                  }
              });
          </script>
              <script src="//at.alicdn.com/t/font_ttszo9rnm0wwmi.js"></script>
          </body>
          </html>
```

在 index.html 模板中，通过{{template "header" .}}语句，嵌套了 header.html 模板。
header.html 模板如下：

```
      {{ define "header" }}
          <meta charset="UTF-8">
          <meta name="viewport" content="width=device-width, initial-scale=1, maximum-scale=1, minimum-
scale=1, user-scalable=no, minimal-ui">
          <meta http-equiv="X-UA-Compatible" content="IE=edge,chrome=1">
          <meta name="format-detection" content="telephone=no,email=no">
          <title>{{ .Title }}</title>
          <link rel="stylesheet" href="/public/css/common.css">
          <script src="/public/lib/jquery-3.1.1.min.js"></script>
          <script src="/public/lib/jquery.cookie.js"></script>
          <link href="/public/css/font-awesome.css?v=4.4.0" rel="stylesheet">
      {{ end }}
```

{{ define "header" }} 让程序员在模板嵌套时直接使用模板名 header，而在 index.html 中的
{{template "header" .}}，句点 "." 可以使参数嵌套传递，否则参数不能传递，例如这里的参数
Title。

现在访问 http://localhost/index.html，可以看到浏览器显示 Title "作品欣赏"，这个 Title 是
通过 IndexHandler 指定的。

接下来单击 "发布" 按钮，进入发布页面，上传图片，单击 "完成" 按钮提交，程序会提
示成功上传图片。可以在 photo 目录中看到刚才上传的图片。

在发布到 GitHub 的代码中，有关处理图片上传的代码，除了实现服务器存储外，还实现了
IPFS 发布存储，如果不需要 IPFS，应删除相关代码。

有关 IPFS：

IPFS 本质上是一种内容可寻址、版本化、点对点超媒体的分布式存储和传输协议，目
标是补充甚至取代过去 20 年里使用的超文本媒体传输协议（HTTP），希望构建更快、更安
全、更自由的互联网时代。

IPFS 不算严格意义上的区块链项目，而是一个去中心化存储解决方案，但有些区块链
项目通过它来做存储。IPFS 项目已在 GitHub 上开源，用 Go 语言实现，读者可以关注并
了解。

优雅重启在迭代中有较好的实际意义，每次版本发布，如果直接停止服务再部署重启，对
业务影响还是很大的，而通过优雅重启，这方面的体验可以做得更好。这里按 Ctrl + C 键后过 5s
服务停止，如图 18-2 所示。

图 18-2　优雅重启

18.2.3　中间件的使用

在 API 中可能使用限流、身份验证等。

Go 语言中 net/http 设计的一大特点就是特别容易构建中间件。Gin 框架也提供了类似的中间件支持。需要注意的是，在 Gin 里面中间件只对注册过的路由函数起作用。

对于分组路由，嵌套使用中间件，可以限定中间件的作用范围。大致分为全局中间件、单个路由中间件和分组中间件。

在高并发场景中，有时候需要用到限流降速的功能，这里引入一个限流中间件。有关限流方法常见有两种，具体可自行研究，这里只讲使用。

导入 github.com/didip/tollbooth/limiter 包，在上面代码基础上增加如下语句：

```
//rate-limit 限流中间件
lmt := tollbooth.NewLimiter(1, nil)
lmt.SetMessage("服务繁忙，请稍后再试...")
```

修改并加入限流策略：

```
v.GET("/index.html", LimitHandler(lmt), handler.IndexHandler)
```

按 F5 键刷新 http://localhost/index.html 页面时，浏览器会显示：服务繁忙，请稍后再试...

限流策略的对象也可以是 IP。

```
tollbooth.LimitByKeys(lmt, []string{"127.0.0.1", "/"})
```

更多限流策略的配置，可以进一步浏览网址 github.com/didip/tollbooth/limiter 了解。

18.2.4　RESTful API 接口

前面说了在 Gin 里面可以采用分组来组织访问 URL，这里 RESTful API 需要给出不同的访问 URL 方法来和动态站点区分，所以新建了一个分组 v1。

在浏览器中访问 http://localhost/v1/user/1100000/，如图 18-3 所示。

图 18-3　访问 API 返回 JSON 数据

这里对 v1.GET("/user/:id/*action", LimitHandler(lmt), api.GetUser) 进行了限流控制，所以如果频繁访问上面地址将受到限制，这在 API 接口中非常有用。

通过 api 这个包，来实现所有有关 API 的代码。在 GetUser 函数中，通过读取 MySQL 数据库，查找到对应 userid 的用户信息，并通过 JSON 格式返回。

在 api.GetUser 中，设置了一个局部中间件：

```
//CORS 局部 CORS，可在路由中设置全局的 CORS
c.Writer.Header().Add("Access-Control-Allow-Origin", "*")
```

Gin 关于参数的处理，api 包的 api.go 文件中有简单说明，限于篇幅，就不在此展开了。这个项目的详细情况，请访问网址 https://github.com/ffhelicopter/tmm 了解。有关 Gin 的更多信息，请访问网址 https://github.com/gin-gonic/gin，该开源项目比较活跃，可以关注。

完整 main.go 代码如下：

```
// GOPATH\src\go42\chapter-1\18.2\3\main.go

package main

import (
    "context"
    "log"
    "net/http"
    "os"
    "os/signal"
    "time"

    "github.com/didip/tollbooth"
    "github.com/didip/tollbooth/limiter"
    "github.com/ffhelicopter/tmm/api"
    "github.com/ffhelicopter/tmm/handler"

    "github.com/gin-gonic/gin"
)

// 定义全局的 CORS 中间件
func Cors() gin.HandlerFunc {
    return func(c *gin.Context) {
        c.Writer.Header().Add("Access-Control-Allow-Origin", "*")
        c.Next()
    }
}

func LimitHandler(lmt *limiter.Limiter) gin.HandlerFunc {
    return func(c *gin.Context) {
        httpError := tollbooth.LimitByRequest(lmt, c.Writer, c.Request)
        if httpError != nil {
            c.Data(httpError.StatusCode, lmt.GetMessageContentType(), []byte(httpError.Message))
            c.Abort()
        } else {
            c.Next()
        }
    }
}

func main() {
gin.SetMode(gin.ReleaseMode)
    router := gin.Default()
```

```
// 静态资源加载，本例为 css,js 文件以及资源图片
router.StaticFS("/public", http.Dir("D:/goproject/src/github.com/ffhelicopter/tmm/website/static"))
router.StaticFile("/favicon.ico", "./resources/favicon.ico")

// 导入所有模板，多级目录结构需要这样写
router.LoadHTMLGlob("website/tpl/*/*")
// 也可以根据 handler，实时导入模板。

// website 分组
v := router.Group("/")
{

    v.GET("/index.html", handler.IndexHandler)
    v.GET("/add.html", handler.AddHandler)
    v.POST("/postme.html", handler.PostmeHandler)

}

// net/http 设计的一大特点就是特别容易构建中间件。
// Gin 也提供了类似的中间件。需要注意的是中间件只对注册过的路由函数起作用。
// 对于分组路由，嵌套使用中间件，可以限定中间件的作用范围。
// 大致分为全局中间件、单个路由中间件和群组中间件。

// 使用全局 CORS 中间件。
// router.Use(Cors())
// 即使是全局中间件，此前的代码不受影响
// 也可在 handler 中局部使用，见 api.GetUser

//rate-limit 中间件
lmt := tollbooth.NewLimiter(1, nil)
lmt.SetMessage("服务繁忙，请稍后再试...")

// API 分组(RESTful)以及版本控制
v1 := router.Group("/v1")
{
    // 下面是群组中间件的用法
    // v1.Use(Cors())

    // 单个中间件的用法
    // v1.GET("/user/:id/*action",Cors(), api.GetUser)

    // rate-limit
    v1.GET("/user/:id/*action", LimitHandler(lmt), api.GetUser)

    //v1.GET("/user/:id/*action", Cors(), api.GetUser)
    // AJAX OPTIONS ，下面是有关 OPTIONS 用法的示例
    // v1.OPTIONS("/users", OptionsUser)        // POST
    // v1.OPTIONS("/users/:id", OptionsUser)    // PUT, DELETE
}

srv := &http.Server{
    Addr:           ":80",
    Handler:        router,
```

```
            ReadTimeout:    30 * time.Second,
            WriteTimeout: 30 * time.Second,
        }

        go func() {
            if err := srv.ListenAndServe(); err != nil && err != http.ErrServerClosed {
                log.Fatalf("listen: %s\n", err)
            }
        }()

        // 优雅关闭（或重启）服务
        // 5 秒后优雅关闭服务
        quit := make(chan os.Signal)
        signal.Notify(quit, os.Interrupt) //syscall.SIGKILL
        <-quit
        log.Println("Shutdown Server ...")

        ctx, cancel := context.WithTimeout(context.Background(), 5*time.Second)
        defer cancel()
        if err := srv.Shutdown(ctx); err != nil {
            log.Fatal("Server Shutdown:", err)
        }
    select {
        case <-ctx.Done():
        }
        log.Println("Server exiting")
}
```

参 考 文 献

[1] golang. The Go Programming Language Specification [S/OL]. https://golang.google.cn/ref/spec.

[2] golang. Effective Go [J/OL]. https://golang.google.cn/doc/effective_go.html.

[3] Unicode Character Categories[S/OL]. http://www.fileformat.info/info/unicode/category/index.htm.

[4] Hypertext Transfer Protocol -- HTTP/1.1[S/OL]. http://www.w3.org/Protocols/rfc2068/rfc2068.

[5] RFC 4229 - HTTP Header Field Registrations[S/OL]. https://tools.ietf.org/html/rfc4229.

[6] Hypertext Transfer Protocol -- HTTP/1.1[S/OL]. http://www.w3.org/Protocols/rfc2616/rfc2616.